Merrifield-Simmons 指标和 Hosoya 指标的研究及应用

任胜章　著

科学出版社

北　京

内 容 简 介

图论在现代科学技术中有着广泛的应用，如网络设计、计算机科学、信息科学、密码学、DNA 基因谱的确定和计数、工业生产和企业管理中的优化方法等．图论与结构化学的交叉形成了化学图论．因此，化学图论是图论的重要分支之一，主要研究与化学分子图的物理、化学性质密切相关的拓扑不变量和拓扑性质，在预测、合成新的化合物与新的药品方面有着很重要的应用．

本书主要研究化学图论中两个非常重要的拓扑指标 Merrifield-Simmons 指标和 Hosoya 指标，系统阐述这个研究领域的理论与应用研究成果，主要包括树形苯环系统、单圈图、双圈图及多圈图等图族的 Merrifield-Simmons 指标和 Hosoya 指标的计算公式或上、下界，聚苯环系统的 Hosoya 指标的计算公式，以及多圈图 Hosoya 指标的上、下界．

本书可供从事化学图论研究和图论教学的广大教师、学生阅读与参考．

图书在版编目（CIP）数据

Merrifield-Simmons 指标和 Hosoya 指标的研究及应用/任胜章著．—北京：科学出版社，2020.5

ISBN 978-7-03-064805-1

Ⅰ. ①M… Ⅱ. ①任… Ⅲ. ①图论－研究 Ⅳ. ①O157.5

中国版本图书馆 CIP 数据核字（2020）第 063319 号

责任编辑：冯 涛 李 莎 / 责任校对：马英菊
责任印制：吕春珉 / 封面设计：东方人华平面设计部

科学出版社 出版
北京东黄城根北街 16 号
邮政编码：100717
http://www.sciencep.com
北京九州迅驰传媒文化有限公司 印刷
科学出版社发行 各地新华书店经销
*
2020 年 5 月第 一 版 开本：787×1092 1/16
2021 年 10 月第二次印刷 印张：8
字数：177 000

定价：72.00 元

（如有印装质量问题，我社负责调换〈九州迅驰〉）
销售部电话 010-62136230 编辑部电话 010-62138978-2046

前　言

1989 年，C_{60} 分子结构在实验室中试验成功，之后，国际著名的数学家和化学家 Gutman 等经过长期研究发现，化学中分子结构的许多物理性质和化学性质与图论中的指标密切相关，如独立集数、匹配数、完美匹配数等. Merrifield-Simmons 指标和 Hosoya 指标是该领域非常重要的两个指标，分别于 1989 年和 1971 年由美国化学家 Merrifield、Simmons 和日本化学家 Hosoya 提出. 这两个指标的偏序列与化学分子结构的许多性质密切相关，如分子的稳定性、融沸点等. 对这些化学分子图的拓扑不变量和拓扑性质及其与化合物的物理、化学性质之间的相关性的研究结果，在预测、合成新的化合物、新的药品方面有很重要的应用.

本书在系统介绍 Merrifield-Simmons 指标和 Hosoya 指标的基本概念、基本性质的基础上，对树形苯环系统、单圈图、双圈图及多圈图等图族的 Merrifield-Simmons 指标和 Hosoya 指标，聚苯环系统的 Hosoya 指标，以及多圈图的 Hosoya 指标进行了系统研究，具体包括以下几方面的内容：

（1）图的基本概念.

（2）常系数线性递归关系式的解法.

（3）树形苯环系统 Merrifield-Simmons 指标的研究.

（4）单圈图、双圈图、多圈图的 Merrifield-Simmons 指标的研究.

（5）树形苯环系统 Hosoya 指标的研究.

（6）聚苯环系统 Hosoya 指标的研究.

（7）几类多圈图的 Hosoya 指标的研究.

本书撰写过程中得到了吴廷增教授和李坤讲师的审阅，同时本书的出版得到了国家自然科学地区科学基金项目的资助（项目编号：11761057），在此一并表示衷心的感谢.

由于作者水平有限，书中难免存在不妥之处，恳请同行专家提出宝贵的修改意见，以使本书逐步完善.

目　　录

第 1 章　图的基本概念

本章中，我们介绍一些图论中的基本概念，这些概念将在第 3 章及后面各章中陆续用到. 本章未给出的概念和专业术语参见参考文献[1-5].

图是由一个二元集合组 (V,E) 构成的，其中集合 V 称为**顶点集**，集合 E 是由集合 V 中元素组成的某些无序对的集合，称为**边集**. 集合 V 的元素与集合 E 的元素及它们之间的关系称为**图**.

图的顶点集中的元素称为**顶点**，边集中的元素称为**边**. 在本书中，我们将边 $e=(u,v)$ 简写为 $e=uv$，顶点 u 和 v 称为边 e 的**端点**，反过来也称边 e 连接顶点 u 和 v. 图 G 的顶点数目 $|V|$ 称为图 G 的**阶**，边的数目 $|E|$ 称为图 G 的**边数**. 本书中一般将图的边数记为 ε，将图的阶记为 $|G|$.

1. 图的图表示

通常，图的顶点可以用平面上的一个点来表示，边可以用平面上的线段来表示（直的或曲的）. 这样画出的平面图形称为**图的图表示**.

2. 图的基本术语和基本概念

设 $G=(V,E)$ 是一个图，下述概念中顶点均取自图 $G=(V,E)$ 的顶点集 V，边均取自边集 E.

（1）**顶点与边关联**：如果在图 G 中顶点 v 是边 e 的一个端点，则称顶点 v 与边 e 在图 G 中相关联.

（2）**顶点与顶点的相邻**：如果图上两个顶点 u,v 同一条边相关联，则称两个顶点 u,v 在图 G 中相邻.

（3）**边与边的相邻**：若图 G 中两条边至少有一个公共端点，则称这两条边在图 G 中相邻.

（4）**环边**：图 G 中两端点重合的边称为环边.

（5）**重边**：设 u 和 v 是图 G 的两个顶点，图 G 中连接顶点 u 和 v 的两条或两条以上的边称为图 G 中 u,v 间的重边，其中边的个数称为边的**重数**.

（6）**简单图**：既无环边也无重边的图称为简单图.

（7）**完全图**：任意两点间都有一条边的简单图称为完全图，n阶完全图记为K_n.

（8）**空图**：边集为空的图称为空图.

（9）**平凡图**：边集为空集且只有一个顶点的图称为平凡图.

（10）**零图**：边集和顶点集都为空集的图称为零图.

（11）**顶点v的度**：图G中顶点v所关联的边的数目（环边计两次）称为顶点v的度，记为$d_G(v)$，简写为$d(v)$.

（12）**图G的最大度**：$\Delta(G)=\max\{d_G(v)\mid v\in V(G)\}$.

（13）**图G的最小度**：$\delta(G)=\min\{d_G(v)\mid v\in V(G)\}$.

（14）**正则图**：每个顶点的度都相等的简单图称为正则图. 每个顶点的度都等于k的正则图称为k-正则图.

（15）**图的补图**：设$G=(V,E)$是一个图，以V为顶点集，以$\{(x,y)\mid(x,y)\notin E)\}$为边集的图称为图$G$的补图，记为$\overline{G}$.

3. 子图

（1）**子图**：对图G和图H，如果$V(H)=V(G)$，且$E(H)\subseteq E(G)$，则称图H是图G的子图，记为$H\subseteq G$.

（2）**生成子图**：若图H是图G的子图且有$V(H)=V(G)$，则称图H是图G的生成子图.

（3）**顶点导出子图**：在图$G=(V,E)$中，设顶点子集$V'\subseteq V(G)$，则以顶点子集V'为顶点集，以图G中两端点均属于V'的所有边作为边集所组成的子图，称为图G的由顶点集V'导出的子图，简称为图G的顶点导出子图，记为$G[V']$.

（4）**边导出子图**：在图$G=(V,E)$中，设边子集$E'\subseteq E(G)$，则以边子集E'为边集，以边子集E'中边的所有端点的集合作为顶点集所组成的子图，称为图G的由边集E'导出的子图，简称为图G的边导出子图，记为$G[E']$.

设顶点子集$V'\subseteq V(G)$，边子集$E'\subseteq E(G)$，常用$G-V'$表示从图G中删除顶点子集V'（连同与它们关联的边一起删除）所得到的子图，用$G-E'$表示从图G中删除边子集E'（但不删除它们的端点）所得到的子图. 特别地，对顶点v和边e，常用$G-v$表示$G-\{v\}$，用$G-e$表示$G-\{e\}$.

（5）**图的并和联**：设$G_1=(V_1,E_1)$，$G_2=(V_2,E_2)$是两个图，则图G_1与图G_2的并指图$(V_1\cup V_2,E_1\cup E_2)$，记为$G_1\cup G_2$. 特别地，若$V_1\cap V_2=\varnothing$，则图$G_1$与图$G_2$的并$G_1\cup G_2$称为图$G_1$与图$G_2$的不交并，不交并有时也称为和，记为$G_1+G_2$.

两个无公共顶点的图 G_1 与图 G_2 的不交并 G_1+G_2 再添加边集 $\{xy \mid x\in V(G_1), y\in V(G_2)\}$ 后得到的图称为图 G_1 与图 G_2 的联，记为 $G_1 \vee G_2$.

4. 路和圈

（1）**途径**：图 G 中一个顶点、边、顶点交错出现的序列 $w=v_{i_0}e_{i_1}v_{i_1}e_{i_2}\cdots e_{i_k}v_{i_k}$ 称为图 G 的一条途径，其中，v_{i_0},v_{i_k} 分别称为途径 w 的起点和终点，w 上其余顶点称为中途点.

（2）**迹**：图 G 中边不重复出现的途径称为迹.

（3）**路**：图 G 中顶点不重复出现的迹称为路.

（4）**闭途径**：图 G 中起点和终点相同的途径称为闭途径.

（5）**闭迹**：图 G 中边不重复出现的闭途径称为闭迹，也称为回路.

（6）**圈**：中途点不重复的闭迹称为圈.

（7）**长度**：途径（闭途径）、迹（闭迹）、路（圈）上所含的边的数目称为长度.

（8）**距离**：对任意顶点 $u,v\in V(G)$，从 u 到 v 的具有最小长度的路称为 u 到 v 的最短路，其长度称为距离.

（9）**直径**：图 G 中最长的距离称为直径，记作 $d(G)$.

5. 二部图和完全二部图

（1）**二部图**：若图 G 的顶点集可划分为两个非空子集 X 和 Y，且使图 G 中的任意一条边都有一个端点在 X 中，另一个端点在 Y 中，则称图 G 为二部图（或偶图），记为 $G=(X\cup Y,E)$.

（2）**完全二部图**：在二部图 $G=(X\cup Y,E)$ 中，若 X 的每个顶点与 Y 的每个顶点都有边相接，则称图 G 为完全二部图；若 $|X|=m,|Y|=n$，则记此完全二部图为 $K_{m,n}$.

6. 连通性

（1）**图中两点的连通**：若在图 G 中两个顶点 u,v 之间有路相通，则称顶点 u,v 在图 G 中连通.

（2）**连通图**：若图 G 中任意两个顶点都连通，则称图 G 是连通图.

（3）**图的连通分支**：若图 G 的顶点集 $V(G)$ 可划分为若干非空子集 $V_1,V_2,\cdots,V_w$，且使两顶点属于同一子集当且仅当它们在图 G 中连通，则称每个子集导出的子图 $G[V_i]$ 为图 G 的一个连通分支 $(i=1,2,\cdots,w)$.图 G 的连通分支的个数 w 称为图 G 的连通分支数.

7. 割点和割边

定义 1.0.1　设图 G 是一个图，$v\in V(G)$，如果 $w(G-v)>w(G)$，则称 v 为图 G 的一个割点.

定义 1.0.2 设图 G 是一个图，$e \in E(G)$，如果 $w(G-e) > w(G)$，则称 e 为图 G 的一条割边.

8. 连通度和边连通度

定义 1.0.3 对图 G，若 $V(G)$ 的子集 V' 使 $w(G-V') > w(G)$，则称 V' 为图 G 的一个点割集. 含有 k 个顶点的顶点割集称为 k - 点割集. 若 V' 是图 G 的一个点割集，而 V' 减少任意一个点都不再是图 G 的点割集，则称 V' 是图 G 的一个极小点割集. 图 G 中含点数最少的点割集称为图 G 的最小点割集.

定义 1.0.4 图 G 的连通度定义为 $k(G) = \min\{|V'| \mid V'$ 为连通图 G 的点割集$\}$. 特别地，v 阶完全图的连通度定义为 $k(K_v) = v-1$，不连通图的连通度定义为 0，若 $k(G) \geqslant k$，则称图 G 为 k - 连通的.

定义 1.0.5 设 G 是一个图，$S \subseteq V(G), \bar{S} = V(G) \setminus S$，用 $\{S, \bar{S}\}$ 表示图 G 中一端在 S 中、另一端在 $\bar{S}$ 中的所有边的集合，称为图 G 的一个边割集. 含有 k 条边的边割集称为 k - 边割集. 若 E' 是图 G 的一个边割集，而 E' 减少任意一条边都不再是图 G 的边割集，则称 E' 是图 G 的一个极小边割集. 图 G 中含边数最少的边割集称为图 G 的最小边割集.

定义 1.0.6 图 G 的边连通度定义为 $\kappa'(G) = \min\{|E'| \mid E'$ 是连通图 G 的边割集$\}$.完全图的边连通度定义为 $\kappa'(K_v) = v-1$，不连通图的边连通度定义为 0，若 $\kappa'(G) \geqslant k$，则称图 G 为 k - 边连通的.

9. 匹配与最大匹配

定义 1.0.7 设 G 是一个图，由图 G 中一些不相邻的边组成的集合 M 称为图 G 的一个匹配. 对匹配 M 中的每条边 $e = uv$，其两端点 u 和 v 称为被匹配 M 所匹配，而 u 和 v 都称为是 M 饱和的.

定义 1.0.8 图 G 中含边数最多的匹配称为图 G 的最大匹配.

注：（1）若用 $|M|$ 表示匹配 M 所含的边数，则图 G 的最大匹配 M 可更为确切地描述为，M 是图 G 的一个匹配，且图 G 中不存在匹配 M' 使 $|M'|>|M|$.

（2）如果图 G 中每个点都是 M 饱和的，则称 M 是图 G 的完美匹配.

（3）任何图的完美匹配必是它的最大匹配.

定义 1.0.9 设 M 是图 G 的一个匹配，图 G 的一条 M 交错路是指其边在 M 和 $E(G)-M$ 中交替出现的路. 如果图 G 的一条 M 交错路的起点和终点都是 M 非饱和的，则称其为一条 M 可扩展路或 M 增广路.

定义 1.0.10 图 G 中含有奇数个顶点的连通分支称为图 G 的奇分支. 图 G 的奇分支的个数用 $o(G)$ 表示.

第 2 章　常系数线性递归关系式的解法

在本章中，我们介绍常系数线性齐次递归关系式和线性非齐次递归关系式的一些基本理论和求解方法[6]，这些性质和求解方法会在后续的章节中被陆续应用. 其中，2.1 节介绍特征方程没有重根的常系数线性齐次递归关系式的解法；2.2 节介绍特征方程有重根的常系数线性齐次递归关系式的解法；2.3 节介绍常系数线性非齐次递归关系式的求解思想.

2.1　特征方程没有重根的常系数线性齐次递归关系式

对所有的递归关系问题，数学家们还没有一般的理论方法来解决. 而对于具有特殊递归关系式的数列，却有一些规律可以利用，常系数线性齐次递归关系式就是其中能够被解决的一种.

所谓**常系数线性齐次递归关系式**，是指形如

$$H(n)=a_1H(n-1)+a_2H(n-2)+\cdots+a_kH(n-k)$$

的递归关系式，这里的系数 $a_i(i=1,2,\cdots,k)$ 是常数，k 称为**阶数**. 如果设 $H(n)=x^n$，则得到如下方程：

$$x^k-a_1x^{k-1}-a_2x^{k-2}-\cdots-a_k=0 .$$

我们将此方程称为常系数线性齐次递归关系式的**特征方程**，方程的根称为常系数线性齐次递归关系式的**特征根**.

定理 2.1.1[6]　令 q 是一个非零的数，则 $H(n)=q^n$ 是常系数线性齐次递归关系式的解的充分必要条件是 q 是特征根.

定义 2.1.1　常系数线性齐次递归关系式的一般通解是指对于递归关系式的任意一个解，都能够找到确定的常数 $c_i(1\leqslant i\leqslant k)$，使该解有形如 $c_1q_1^n+c_2q_2^n+c_3q_3^n+\cdots+c_kq_k^n$ 的表达形式.

定理 2.1.2[6]　假设常系数线性齐次递归关系式为

$$H(n)=a_1H(n-1)+a_2H(n-2)+\cdots+a_kH(n-k),$$

若令其对应的特征方程的根为$q_i(1\leqslant i\leqslant k)$，并且这$k$个根互不相同，则对于任意给定的$k$个数$c_i(1\leqslant i\leqslant k)$，有

$$H(n)=c_1q_1^n+c_2q_2^n+c_3q_3^n+\cdots+c_kq_k^n$$

是常系数线性齐次递归关系式的一般通解.

2.2 特征方程有重根的常系数线性齐次递归关系式

设常系数线性齐次递归关系式为

$$H(n)=a_1H(n-1)+a_2H(n-2)+\cdots+a_kH(n-k),$$

如果它对应的特征方程有重根，那么常系数线性齐次递归关系式的通解$H(n)=c_1q_1^n+c_2q_2^n+c_3q_3^n+\cdots+c_kq_k^n$还是不是此递归关系式的一般解呢？事实上，若常系数线性齐次递归关系式对应的特征方程有重根，则$H(n)=c_1q_1^n+c_2q_2^n+c_3q_3^n+\cdots+c_kq_k^n$不再是常系数线性齐次递归关系式的一般解.

例如，若常系数线性齐次递归关系式为$H(n)=4H(n-1)-4H(n-2)$，则它的特征方程为$x^2-4x+4=(x-2)^2=0$，即 2 是重根. 这时$H(n)=c_12^n+c_22^n=c2^n$，所以我们仅有一个常数.当然，要选择c使$H(n)$的两个初始值都满足则不一定总成立，如规定$H(0)=1$，$H(1)=3$. 既然这样，那么我们能不能用其他的途径找到一般解呢？

事实上，$H(n)=n2^n$也是递归关系式$H(n)=4H(n-1)-4H(n-2)$的一个解，即

$$4(n-1)2^{n-1}-4(n-2)2^{n-2}=4(2n-2-n+2)2^{n-2}=4n2^{n-2}=n2^n.$$

于是，我们可以断定$H(n)=c_12^n+c_2n2^n$是这个递归关系式的一般解. 为了证实这一点，我们设两个初始值为$H(0)=a$，$H(1)=b$，则考虑方程组

$$\begin{cases}c_1=a,\\2c_1+2c_2=b.\end{cases}$$

它当然有唯一解. 所以$H(n)=c_12^n+c_2n2^n$是递归关系的一般解.

将上述方法推广，就得到下面的定理.

定理 2.2.1[6] 设实数组$q_1,q_2,\cdots,q_t$是常系数线性齐次递归关系式

$$H(n)=a_1H(n-1)+a_2H(n-2)+\cdots+a_kH(n-k)$$

的特征方程 $x^k - a_1x^{k-1} - a_2x^{k-2} - \cdots - a_k = 0$ 的所有互不相等的特征根，并且它们的重数依次为 $e_1, e_2, \cdots, e_t$，则递归关系式对应于 q_i 部分的一般解为

$$\begin{aligned} H_i(n) &= c_1q_i^n + c_2nq_i^n + c_3n^2q_i^n + \cdots + c_{\varepsilon_i}n^{\varepsilon_i-1}q_i^n \\ &= (c_1 + c_2n + \cdots + c_{\varepsilon_i}n^{\varepsilon_i-1})q_i^n, \end{aligned}$$

而递归关系式的一般解为

$$H(n) = H_1(n) + H_2(n) + \cdots + H_t(n).$$

2.3 常系数线性非齐次递归关系式

能够成功求解常系数线性齐次递归关系式的主要原因在于能够找到特征方程的根，但是我们知道这一点并不总是可能的. 当然，递归关系式也不一定总是线性的. 对于常系数非齐次的递归关系式，还没有一种一般的求解方法. 但是对于一些特殊形式的常系数非齐次递归关系式，我们可以用统一的公式来求解. 在这里，仅就一个例子来说明如何利用迭代和归纳的方法求递归关系式的通项.

定理 2.3.1[6]　设常系数线性非齐次递归关系式为

$$H(n) = a_1H(n-1) + a_2H(n-2) + \cdots + a_kH(n-k) + g(n),$$

其中，$a_i (i = 1, 2, \cdots, k)$ 为常数，$g(n)$ 是 k 次多项式.

如果 $f(n)$ 是其对应的常系数线性齐次递归关系式

$$H(n) = a_1H(n-1) + a_2H(n-2) + \cdots + a_kH(n-k)$$

的一般通解，则常系数线性非齐次递归关系式的一般通解可表示为

$$H(n) = d_1f(n) + d_2g(n),$$

其中，d_1, d_2 是确定的常数.

定理 2.3.2[6]　设常系数线性非齐次递归关系式为

$$H(n) = a_1H(n-1) + a_2H(n-2) + \cdots + a_kH(n-k) + \tau^n,$$

其中，$a_1, a_2, \cdots, a_k, \tau$ 为常数.

如果 $f(n)$ 是其对应的常系数线性齐次递归关系式

$$H(n) = a_1H(n-1) + a_2H(n-2) + \cdots + a_kH(n-k)$$

的一般通解，则常系数线性非齐次递归关系式的一般通解可表示为

$$H(n)=d_1f(n)+d_2\tau^n,$$

其中，d_1,d_2是确定的常数.

第 3 章　树形苯环系统的 Merrifield-Simmons 指标

设图 $G=(V,E)$ 是一个简单的连通图，并且 $V(G)$ 和 $E(G)$ 分别是它的顶点集和边集. 对一个图 G 的任意两个顶点 u 和 v，如果它们不相邻，则称它们是相互独立的. 对于一个顶点集 $V(G)$ 的子集 I，如果它的任意两个顶点都相互独立，则称它是图 G 的一个独立集. 用 $i(G)$ 表示图 G 的独立集的个数，在化学中 $i(G)$ 也称为 Merrifield - Simmons 指标[7-10]. 显然一个图的 Merrifield - Simmons 指标大于它的子图的 Merrifield - Simmons 指标.

本章介绍树形苯环系统 Merrifield - Simmons 指标的上、下界. 其中，3.1 节介绍苯环链 Merrifield - Simmons 指标的上、下界；3.2 节介绍三叉苯环系统 Merrifield - Simmons 指标的上、下界；3.3 节介绍树形苯环系统 Merrifield - Simmons 指标的上、下界；3.4 节介绍 zig - zag 树形苯环系统 Merrifield - Simmons 指标的下界.

3.1　苯环链 Merrifield-Simmons 指标的上、下界

苯环系统是一个 2-连通的平面图，它的每个内部面的边界都是一个苯环. 对苯环系统的各种指标的研究成为国际上流行的重要研究课题[7-90]，它们表示的是自然界存在的分子图. 而树形苯环系统是苯环系统的一个子类，即把每个苯环看成一个点后，它的形状像树形.

用 ψ_n 表示苯环的个数是 n 的苯环链，设 $B_n\in\psi_n$，在 B_n 中我们用 $V_3=V_3(B_n)$ 表示顶点度是 3 的集合，因此 $B_n[V_3]$ 的子图是无圈图. 如果子图 $B_n[V_3]$ 是一个边数为 $n-1$ 的匹配，则称 B_n 是一个线性链，用 L_n 表示；如果子图 $B_n[V_3]$ 是一个路，则称 B_n 是一个 zig - zag 链，用 Z_n 表示.

用 T_n 表示苯环个数为 n 的树形苯环系统. 设 $\boldsymbol{T}=\bigcup_1^\infty T_n$ 且 $T\in\boldsymbol{T}$，H 是 T 中的一个苯环，显然 H 在 T 中至多有 3 个与它相邻的苯环. 如果在 T 中恰有 3 个苯环与 H 相邻，则称 H 是一个 full - 苯环；如果在 T 中恰有两个苯环与 H 相邻，并且它的顶点度是 2 的两个顶点相邻，则称 H 是一个 turn - 苯环；如果在 T 中至多有一个苯环与 H 相邻，则称 H 是一个 end - 苯环. 显然在一个苯环数目 $n\geqslant 2$ 的树形苯环系统中， end - 苯环的数目比 full - 苯环数目多 2.

设$T\in \boldsymbol{T}$，$B=H_1H_2\cdots H_k(k\geqslant 2)$是$T$中一个苯环链，如果$B$的一个end-苯环$H_1$在$T$中同样是一个end-苯环，而$B$的另一个end-苯环在$T$中是一个full-苯环，并且对于$2\leqslant i\leqslant k-1$，$H_i$不是一个full-苯环，则称$B$是$T$的一个分支.

设$\Upsilon=H_1H_2\cdots H_k(k\geqslant 2)$是$T$中一个苯环链，$\Upsilon$的两个end-苯环$H_1$和$H_k$在$T$中都是full-苯环，则称$\Upsilon$是$T$的$\Upsilon$-子图. 如果$T$的任意分支和任意$\Upsilon$-子图都是线性链，则称$T$是线性树形苯环系统；如果$T$的任意分支和任意$\Upsilon$-子图都是zig-zag链，则称$T$是zig-zag树形苯环系统；显然zig-zag苯环链和三叉树形苯环系统分别是没有full-苯环和恰有一个full-苯环的树形苯环系统.

对整数n_1,n_2,n_3，我们用$S(n_1,n_2,n_3)$表示三叉树形苯环系统，其每个分支的苯环数目分别为n_1,n_2,n_3[90]，用$L(n_1,n_2,n_3)$表示三叉树形苯环系统的每个分支都是线性苯环链，用$Z(n_1,n_2,n_3)$表示三叉树形苯环系统的每个分支都是zig-zag苯环链，用C_n,P_n,S_n表示n个顶点的圈、路和星图. 用N_u（或$N[u]$）表示与顶点u相邻的顶点和u组成的集合. 在后文中为了表示方便灵活使用. 用F_n表示Fibonacci数列，即有$F_n=F_{n-1}+F_{n-2}(n\geqslant 2, n\in \mathbf{N})$，其中$F_1=F_2=1$；用$L_n$表示Lucas数列，即有$L_n=L_{n-1}+L_{n-2}$，其中$L_1=1$，$L_2=3$. 我们给出几个重要引理如下.

引理 3.1.1[9]　设G是由两个分支G_1和G_2组成的图，则有

$$i(G)=i(G_1)i(G_2).$$

引理 3.1.2[9]　设图G是简单的连通图，并且任意$uv\in E(G)$，则

$$i(G)=i(G-u)+i(G-N_u).$$

引理 3.1.3[9]　设图G是简单的连通图，则对每一条$uv\in E(G)$，有

$$i(G)-i(G-u)-i(G-u-v)\leqslant 0,$$

当且仅当v是u的唯一相邻顶点等号成立.

引理 3.1.4[9]　设T是树，则有$F_{n+2}\leqslant i(T)\leqslant 2^{n-1}+1$. 当且仅当$T\cong P_n$，左边等式$i(T)=F_{n+2}$成立；当且仅当$T\cong S_n$，右边等式$i(T)=2^{n-1}+1$成立.

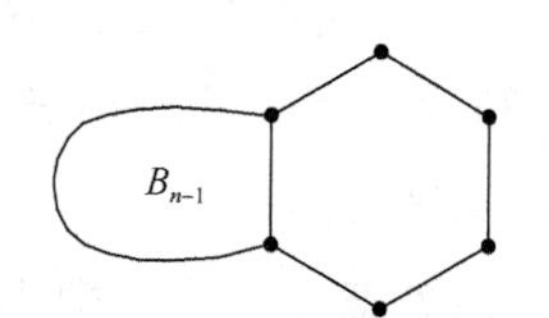

图 3.1.1　苯环链边粘接苯环示意图

苯环数为n的苯环链B_n可以看成由苯环数为$n-1$的苯环链边粘接一个苯环得到的图（图 3.1.1），也可以看成苯环数为$n-2$的苯环链边粘接一个苯环链L_2得到的图（图 3.1.2）.

定理 3.1.1[13]　设B_n是苯环数为n的苯环链，L_n是苯环数为n的L型苯环链，则有$i(L_n)\geqslant i(B_n)$，当且仅当$B_n\cong L_n$等号成立.

定理 3.1.2[13]　对于任意的 $n \geqslant 1$ 和任意的苯环链 B_n，有 $i(B_n) \geqslant i(Z_n)$，当且仅当 $B_n \cong Z_n$ 等号成立.

将定理 3.1.1 和定理 3.1.2 的结论合在一起，就得到了苯环链的 Merrifield - Simmons 指标的上、下界.

定理 3.1.3[13]　设 B_n 是苯环数为 n 的苯环链，L_n 是苯环数为 n 的 L 型苯环链，Z_n 是 zig - zag 苯环链，则有 $i(Z_n) \leqslant i(B_n) \leqslant i(L_n)$，当且仅当 $B_n \cong L_n, B_n \cong Z_n$ 等号成立.

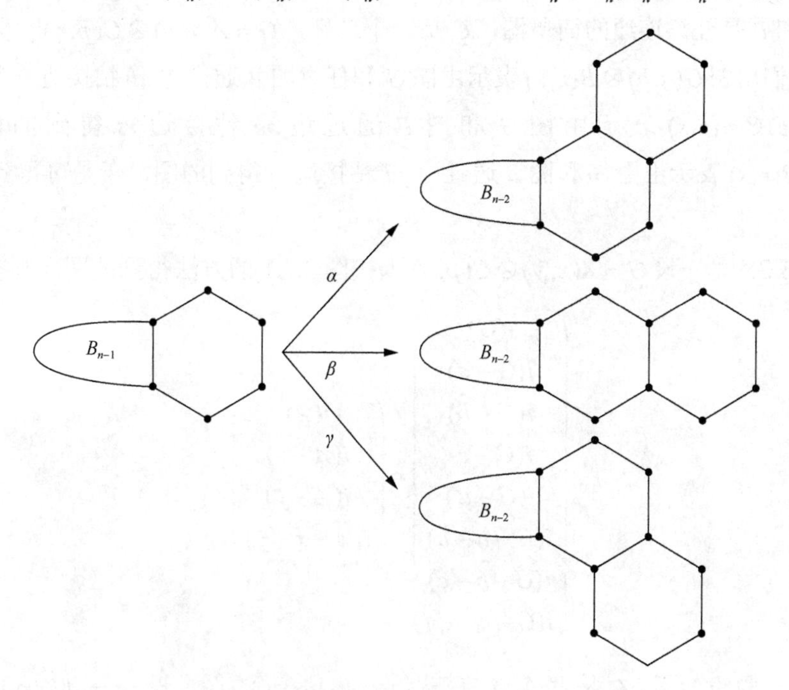

图 3.1.2　苯环链边粘接苯环链 L_2 的示意图

3.2　三叉苯环系统 Merrifield-Simmons 指标的上、下界

在本节中，将介绍 Shiu 教授解决三叉苯环系统 Merrifield-Simmons 指标的上、下界的证明方法[26]，该方法有助于更好地理解 3.3 节的内容. 首先介绍一些重要的引理.

假设图 G 是由图 A 和苯环 C 通过边粘接得到的联图，即 A 和 C 只有唯一的公共边 xy. 用 $abcdqpa$ 表示圈 C；用 $a,b,c,d,q,\ p$ 表示圈 C 的顶点，并且设 $x=p, y=q$；用 $A(x,y)\otimes C(p,q)$ 表示图 G （图 3.2.1）.

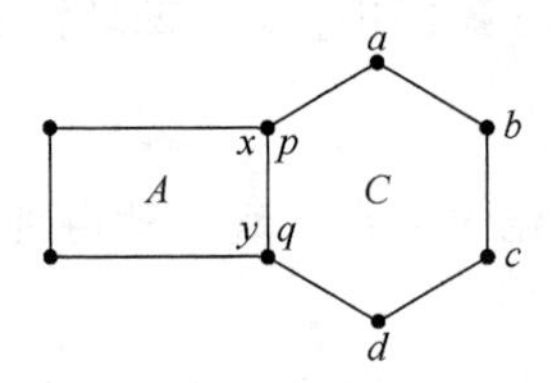

图 3.2.1 图 $G=A(x,y)\otimes C(p,q)$

设 A 和 B 是任意连通的简单图，C 是一个苯环，$G=A(x,y)\otimes C(p,q)$，并且设 r 和 s 相邻. 我们用图 $G(a,b)\otimes B(r,s)$ 表示由图 G 和任意图 B 通过边 ab 粘接边 rs 得到的图，用图 $G(b,c)\otimes B(r,s)$ 表示由图 G 和图 B 通过边 bc 粘接边 rs 得到的图，用图 $G(c,d)\otimes B(r,s)$ 表示由图 G 和图 B 通过边 cd 粘接边 rs 得到的图，于是可得到下面两个引理.

引理 3.2.1[26] 设 $G=A(x,y)\otimes C(p,q)$ 为按图 3.2.1 的方法得到的图，则有

$$\begin{pmatrix} i(G) \\ i(G-a) \\ i(G-b) \\ i(G-c) \\ i(G-d) \\ i(G-a-b) \\ i(G-b-c) \\ i(G-c-d) \end{pmatrix} = \begin{pmatrix} i(A) \\ i(A-x) \\ i(A-y) \\ i(A-x-y) \end{pmatrix}.$$

推论 假设 A_1 和 A_2 是两个含有一个公共边 xy 的图. 设 $G_1=A_1(x,y)\otimes C(p,q)$, $G_2=A_2(x,y)\otimes C(p,q)$ 是按图 3.2.1 的方法得到的图. 如果

$$i(A_1)<i(A_2)，\ i(A_1-x)<i(A_2-x),\ i(A_1-y)<i(A_2-y),\ i(A_1-x-y)<i(A_2-x-y),$$

那么

$$i(G_1)<i(G_2)，\ i(G_1-u)<i(G_2-u),\ i(G_1-v-w)<i(G_2-v-w)，$$

其中，$u\in\{a,b,c,d\}$，$vw\in(ab,bc,cd)$.

引理 3.2.2 设 A,B 为任意图，$G=A(x,y)\otimes C(p,q)$，且图 $G_\eta B, G_\varsigma B$ 按图 3.2.2 的方法得到. 如果 $i(A-x)<i(A-y)$，那么 $i(G_\varsigma B)<i(G_\eta B)$.

证明 由引理 3.1.1 和引理 3.1.2 易证得结论成立.

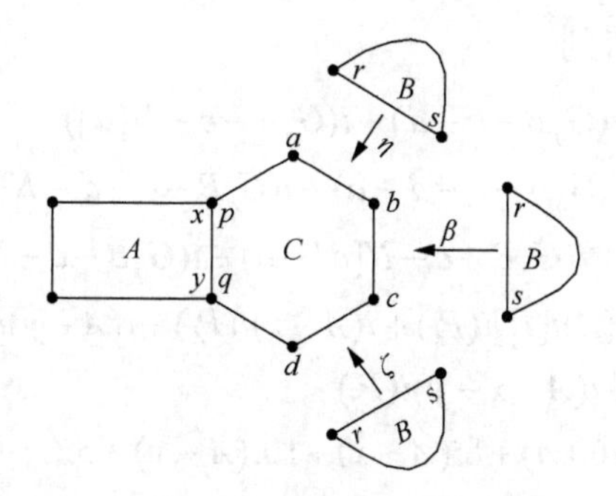

图 3.2.2　图 $G_\beta B, G_\eta B, G_\zeta B$

引理 3.2.3[26]　设 A, B 是任意图简单的连通图，图 $G = A(x,y) \otimes C(x,y)$，图 $G_\beta B, G_\eta B, G_\zeta B$ 按图 3.2.2 的方法得到，则有

$$i(G_\eta B) < i(G_\beta B),\ \ i(G_\zeta B) < i(G_\beta B).$$

证明　由引理 3.1.1 和引理 3.1.2，我们得到

$$\begin{aligned} i(G_\beta B - G_\eta B) = {} & i(A)[i(B) - i(B - N[r]) - 2i(B - r - s)] + i(A - x) \\ & \times [i(B - r) - 2i(B - N[s])] + i(A - y)[i(B - s) \\ & - i(B - r - s) - i(B - N[r])] + i(A - x - y) \\ & \times [i(B - r - s) - i(B - N[s])]. \end{aligned}$$

因为

$$\begin{gathered} i(B) = i(B - r) + i(B - N[r]),\ \ i(B - r) = i(B - r - s) + i(B - N[s]), \\ i(B - s) = i(B - r - s) + i(B - N[r]), \end{gathered}$$

所以我们得到

$$\begin{aligned} i(G_\beta B - G_\eta B) = {} & i(B - r - s) - i(B - N[s])[i(A - x - y) \\ & + i(A - x) - i(A)]. \end{aligned}$$

因为 $B - N[s]$ 是 $B - r - s$ 的真子图，故由引理 3.1.3 可知，$i(G_\beta B - G_\eta B) > 0$，故 $i(G_\eta B) < i(G_\beta B)$.

同理可证 $i(G_\zeta B) < i(G_\beta B)$，因此引理结论成立.

引理 3.2.4[26]　设图 $G_\beta B, G_\eta B, G_\zeta B$ 是按图 3.2.2 的方法得到的图，如果 $i(A - x) \leqslant i(A - y)$，那么

$$i(G_\zeta B - d) \leqslant i(G_\eta B - c),\ \ i(G_\zeta B) \leqslant i(G_\eta B),$$

当且仅当 $i(A - x) = i(A - y)$ 等号成立.

证明　和引理 3.2.3 的证明相似，在此只给出 $i(G_\zeta B - d) \leqslant i(G_\eta B - c)$ 的证明过程. 由

引理 3.1.1 和引理 3.1.2，得到

$$
\begin{aligned}
i(G_\eta B-c) &= i(G_\eta B-c-d)+i(G_\eta B-c-N[d]) \\
&= i(G_\eta B-c-d-a)+i(G_\eta B-c-d-N[a]) \\
&\quad +i(G_\eta B-c-N[d]-a)+i(G_\eta B-c-N[d]-N[a]), \\
&= i(A)i[P_1]i(P_4)+i(A-x)i(P_4)+i(A-y)i(P_1)i(P_3) \\
&\quad +i(A-x-y)i(P_3) \\
&= 16i(A)+8i(A-x)+10i(A-y)+5i(A-x-y),
\end{aligned}
$$

$$
\begin{aligned}
i(G_\zeta B-d) &= i(G_\zeta B-d-a)+i(G_\zeta B-d-N[a]) \\
&= i(A)i(P_6)+i(A-x)i(P_5) \\
&= 21i(A)+13i(A-x).
\end{aligned}
$$

因此

$$
\begin{aligned}
& i(G_\zeta B-d)-i(G_\eta B-c) \\
&= 5[i(A)-i(A-y)-i(A-y-x)]+5[i(A-x)-i(A-y)] \\
&< 0.
\end{aligned}
$$

同理可证

$$i(G_\zeta B)\leqslant i(G_\eta B).$$

取 A 为苯环，重复应用引理 3.2.4 在 A 上，便可得到三叉苯环系统的 Merrifield-Simmons 指标的上、下界.

定理 3.2.1[26] 假设 $S(n_1,n_2,n_3)$ 的任意的三叉树形苯环系统 $L(n_1,n_2,n_3)$, $Z(n_1,n_2,n_3)$ 分别是 L 型三叉树形苯环和 zig - zag 型三叉树形苯环，则有

$$i(Z(n_1,n_2,n_3))\leqslant i(S(n_1,n_2,n_3))\leqslant i(L(n_1,n_2,n_3)),$$

左右等号成立分别当且仅当

$$S(n_1,n_2,n_3)\cong Z(n_1,n_2,n_3),\quad S(n_1,n_2,n_3)\cong L(n_1,n_2,n_3).$$

3.3 树形苯环系统 Merrifield-Simmons 指标的上、下界

本节中，我们将给出一般树形苯环系统 Merrifield - Simmons 指标的上、下界. 下面先介绍几个重要的引理.

为了表示方便，我们规定一些表示方法，这些表示方法在后面的章节也会用到. 对于一个苯环数目为 2 的苯环链 L_2 ，用 a,b,c,d 和 u,v,w,o 分别表示两个 end- 苯环的 4 个 2

度顶点. 在后面的章节中，对于给定的 $T \in \boldsymbol{T}$，我们总假设 s,t 和 x,y 在 T 中是相邻的 2 度顶点.由引理 3.1.1 和引理 3.1.2，可以得到下面的引理.

引理 3.3.1　参考苯环系统图 3.3.1 和图 3.3.2，假设图

$$G_1 = \{A(x,y) \otimes L_2(w,o)\}(a,b) \otimes B(s,t),$$

$$G_2 = \{A(x,y) \otimes L_2(w,o)\}(c,d) \otimes B(s,t),\quad G_3 = \{A(x,y) \otimes L_2(u,v)\}(c,d) \otimes B(s,t),$$

$$G_4 = \{A(x,y) \otimes L_2(u,v)\}(a,b) \otimes B(s,t),$$

那么下面几个等式成立：

$$i(G_1) = \begin{pmatrix} i(A-x-y) \\ i(A-N_y) \\ i(A-N_x) \end{pmatrix}^{\mathrm{T}} \begin{pmatrix} 21 & 13 & 15 \\ 15 & 10 & 9 \\ 13 & 8 & 10 \end{pmatrix} \begin{pmatrix} i(B-s-t) \\ i(B-N_t) \\ i(B-N_s) \end{pmatrix},$$

$$i(G_2) = \begin{pmatrix} i(A-x-y) \\ i(A-N_y) \\ i(A-N_x) \end{pmatrix}^{\mathrm{T}} \begin{pmatrix} 22 & 13 & 14 \\ 13 & 13 & 8 \\ 14 & 8 & 9 \end{pmatrix} \begin{pmatrix} i(B-s-t) \\ i(B-N_t) \\ i(B-N_s) \end{pmatrix},$$

$$i(G_3) = \begin{pmatrix} i(A-x-y) \\ i(A-N_y) \\ i(A-N_x) \end{pmatrix}^{\mathrm{T}} \begin{pmatrix} 21 & 15 & 13 \\ 13 & 10 & 8 \\ 15 & 9 & 10 \end{pmatrix} \begin{pmatrix} i(B-s-t) \\ i(B-N_t) \\ i(B-N_s) \end{pmatrix},$$

$$i(G_4) = \begin{pmatrix} i(A-x-y) \\ i(A-N_y) \\ i(A-N_x) \end{pmatrix}^{\mathrm{T}} \begin{pmatrix} 22 & 14 & 13 \\ 14 & 9 & 8 \\ 13 & 8 & 13 \end{pmatrix} \begin{pmatrix} i(B-s-t) \\ i(B-N_t) \\ i(B-N_s) \end{pmatrix}.$$

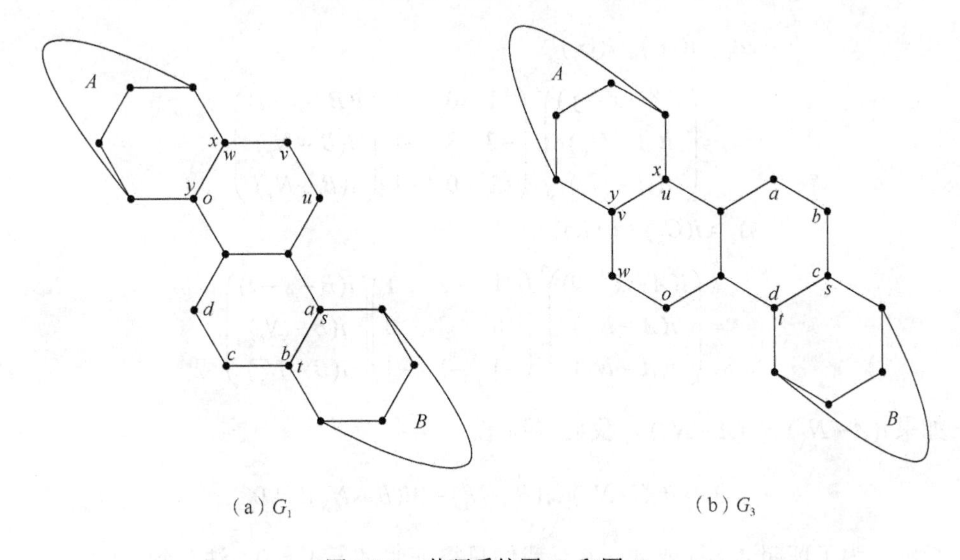

(a) G_1　　(b) G_3

图 3.3.1　苯环系统图 G_1 和图 G_3

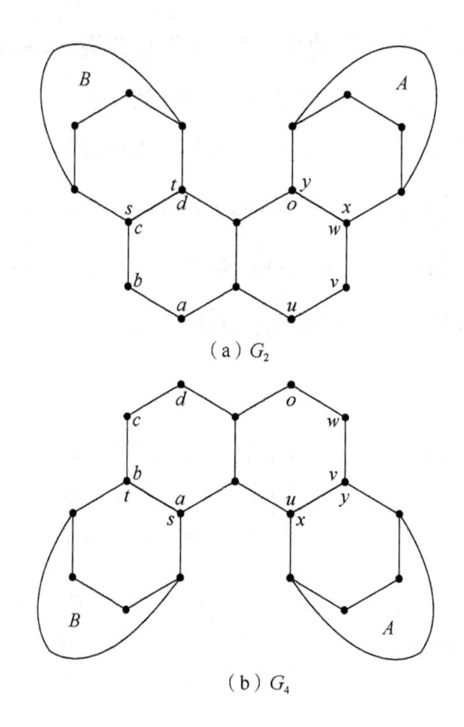

图 3.3.2 苯环系统图 G_2 和图 G_4

证明 由引理 3.1.1 和引理 3.1.2 易证得绪论成立.

引理 3.3.2 假设 $G_i(i=1,2,3,4)$ 的定义与引理 3.3.1 相同，那么

（1）$i(G_1)<i(G_2)$ 或 $i(G_3)<i(G_2)$.

（2）$i(G_1)<i(G_4)$ 或 $i(G_3)<i(G_4)$.

证明 （1）我们不妨假设 $i(B-N_t)\geqslant i(B-N_s)$. 由引理 3.3.1，可以得到

$$\begin{aligned}\varDelta_1&=i(G_2)-i(G_1)\\&=\begin{pmatrix}i(A-x-y)\\i(A-N_y)\\i(A-N_x)\end{pmatrix}^{\mathrm{T}}\begin{pmatrix}1&0&-1\\-2&3&-1\\1&0&-1\end{pmatrix}\begin{pmatrix}i(B-s-t)\\i(B-N_t)\\i(B-N_s)\end{pmatrix},\\\varDelta_2&=i(G_2)-i(G_3)\\&=\begin{pmatrix}i(A-x-y)\\i(A-N_y)\\i(A-N_x)\end{pmatrix}^{\mathrm{T}}\begin{pmatrix}1&-2&1\\0&3&0\\-1&-1&-1\end{pmatrix}\begin{pmatrix}i(B-s-t)\\i(B-N_t)\\i(B-N_s)\end{pmatrix}.\end{aligned}$$

如果 $i(A-N_x)\geqslant i(A-N_y)$，我们得到

$$\varDelta_1>i(A-N_y)[3i(B-N_t)-3i(B-N_S)]\geqslant 0.$$

否则，为了证明 $\varDelta_1>0$ 或 $\varDelta_2>0$，我们只需证明 $\varDelta_1+\varDelta_2>0$. 注意到

$$\Delta_1+\Delta_2=\begin{pmatrix} i(A-x-y) \\ i(A-N_y) \\ i(A-N_x) \end{pmatrix}^{\mathrm{T}} \begin{pmatrix} 2 & -2 & 0 \\ -2 & 6 & -1 \\ 0 & -1 & -2 \end{pmatrix} \begin{pmatrix} i(B-s-t) \\ i(B-N_t) \\ i(B-N_s) \end{pmatrix}.$$

由于图 $A-x$ 和图 $A-y$ 都是图 $A-xy$ 的子图，所以由引理 3.1.3，我们得到

$$\Delta_1+\Delta_2>i(A-N_y)[3i(B-N_t)-3i(B-N_s)]>0.$$

如果 $i(B-N_t)<i(B-N_s)$，证明过程类似. 从而 $i(G_1)<i(G_2)$ 或 $i(G_3)<i(G_2)$ 得证.

（2）同理可证

$$i(G_1)<i(G_4)\text{ 或 }i(G_3)<i(G_4),$$

故引理 3.3.2 的结论成立.

假设 $B_n\in\Psi_n$. 设 $C_1,C_2,\cdots,C_n$ 是 B_n 的 n 个苯环且对所有的 $k=2,\cdots,n$，C_{k-1} 和 C_k 相邻. 设 $x_{k-1},y_{k-1},a_k,b_k,c_k,d_k$ 为圈 C_k 的顶点，$x_{k-1}y_{k-1}$ 是 C_k 和 C_{k-1} 的公共边，$x_{k-1}a_k,a_kb_k,b_kc_k,c_kd_k,d_ky_{k-1}$ 是圈 C_k 的其他边，并且 x_k 到 x_{k-1} 的距离为 2.

设 $T_1,T_2\in\boldsymbol{T}$，$B_n\in\Psi_n$. p_i,q_i 和 u_i,v_i 分别是 $T_i(i=1,2)$ 和 B_n 中相邻的 2 度顶点. 首先，我们用树形苯环系统图 $T_1(p_1,q_1)\otimes B_n(u_1,v_1)$ 表示由图 T_1 和 B_n 通过把顶点 p_1 和 u_1 粘接、q_1 和 v_1 粘接得到的图；其次，我们用树形苯环系统图 $\{T_1(p_1,q_1)\otimes B_n(u_1,v_1)\}(u_2,v_2)\otimes T_2(p_2,q_2)$ 表示由图 $T_1(p_1,q_1)\otimes B_n(u_1,v_1)$ 和 T_2 通过把顶点 u_2 和 p_2 粘接、u_2 和 q_2 粘接得到的图（图 3.3.3）. 对于给定的图 $T_1,T_2\in\boldsymbol{T}$ 和任意的 $B_n\in\Psi_n$，我们用 Φ 表示所有由 $\{T_1(p_1,q_1)\otimes B_n(u_1,v_1)\}(u_2,v_2)\otimes T_2(p_2,q_2)$ 形式构成的树形苯环系统图族.

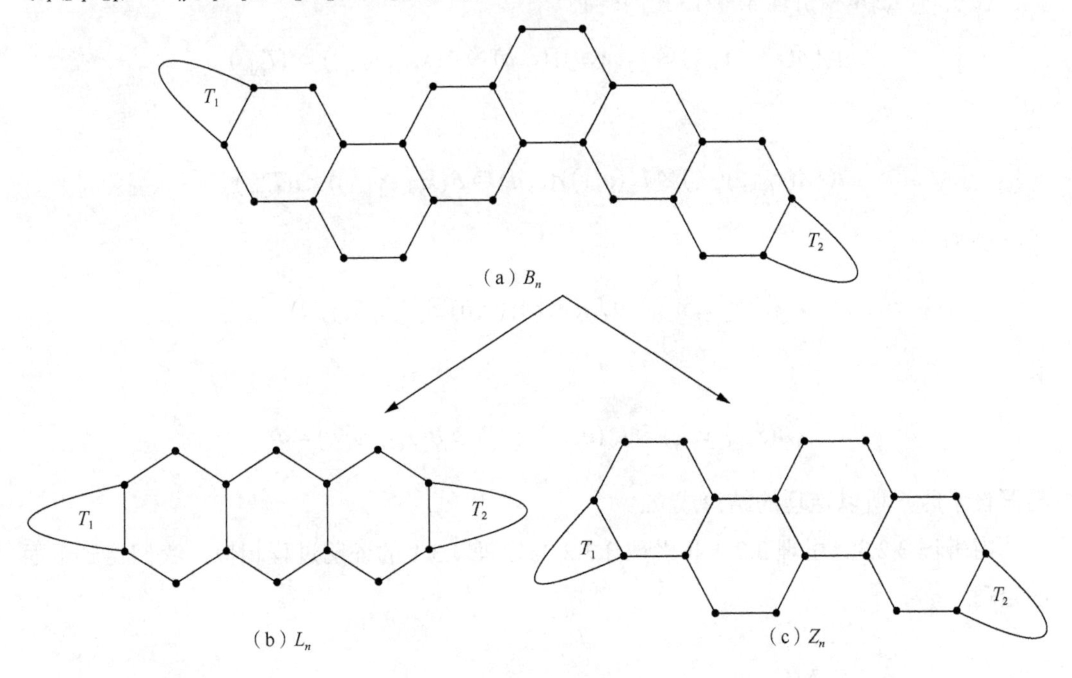

图 3.3.3　图 B_n、图 L_n 和图 Z_n

定理 3.3.1 假设$T_{\min}$是树形苯环系统$\varPhi$中 Merrifield-Simmons 指标取得最小值的图，那么B_n一定是 zig - zag 苯环链.

证明 假设定理结论不成立，即B_n不是 zig-zag 苯环链. 设

$$T_{\min}=\{T_1(p_1,q_1)\otimes B_n(u_1,v_1)\}\ (u_2,v_2)\otimes T_2(p_2,q_2)$$

是所有树形苯环系统$\varPhi$中 Merrifield - Simmons 指标取得最小值的图，$B_n=C_1C_2\cdots C_k$，其中k是最小的整数，以使$B_k=C_1C_2\cdots C_k(3\leqslant k\leqslant n)$不是 zig - zag 苯环链. 于是我们得到

$$B_n=\{Z_{k-3}(x_{k-3},y_{k-3})\otimes L_2(w,o)\}(c,d)\otimes\{B_n-Z_{k-1}\}(x_{k-1},y_{k-1})$$

或

$$B_n=\{Z_{k-3}(x_{k-3},y_{k-3})\otimes L_2(w,o)\}(b,c)\otimes\{B_n-Z_{k-1}\}(x_{k-1},y_{k-1}).$$

设$A=T_1(p_1,q_1)\otimes Z_{k-3}(u_1,v_1)$和$B=\{B_n-Z_{k-1}\}(u_2,v_2)\otimes T_2(p_2,q_2)$，则

$$T_{\min}=\{A(x_{k-3},y_{k-3})\otimes L_2(w,o)\}(b,c)\otimes B(x_{k-1},y_{k-1})$$

或

$$T_{\min}=\{A(x_{k-3},y_{k-3})\otimes L_2(w,o)\}(a,b)\otimes B(x_{k-1},y_{k-1}).$$

由引理 3.2.4 和引理 3.3.2，我们得到

$$i(\{A(x_{k-3},y_{k-3})\otimes L_2(w,o)\}(a,b)\otimes B(x_{k-1},y_{k-1}))<i(T_{\min})$$

或

$$i(\{A(x_{k-3},y_{k-3})\otimes L_2(u,v)\}(c,d)\otimes B(x_{k-1},y_{k-1}))<i(T_{\min}).$$

因为

$$\{A(x_{k-3},y_{k-3})\otimes L_2(w,o)\}(a,b)\otimes B(x_{k-1},y_{k-1})$$

和

$$\{A(x_{k-3},y_{k-3})\otimes L_2(u,v)\}(c,d)\otimes B(x_{k-1},y_{k-1})\in\varPhi$$

与假设矛盾，所以定理的结论成立.

由引理 3.2.3、引理 3.2.4 和引理 3.3.2 与定理 3.3.1 的证明过程相似，我们得到下面的定理.

定理 3.3.2　假设 $T_{\max}$ 是所有树形苯环系统 Φ 中 Merrifield-Simmons 指标取得最大值的图，那么 B_n 一定是线性苯环链.

设 $T \in \boldsymbol{T}$，用图 L^* 表示线性树形苯环系统图，它是通过把树形苯环系统 $\boldsymbol{T}$ 的每一个分支和 Υ-子图由相同苯环数目的线性苯环链替换而得到的图. 用图 $\boldsymbol{Z}^*$ 表示 zig-zag 树形苯环系统图，它是通过把树形苯环系统 $\boldsymbol{T}$ 的每一个分支和 Υ-子图由相同苯环数目的 zig-zag 苯环链替换而得到的图.我们以下面两个定理的形式给出树形苯环系统 Merrifield-Simmons 指标的上、下界及取得上、下界时的图.

定理 3.3.3　假设 $T \in T_n$ 且苯环数目为 n，那么一定存在 $Z^* \in \boldsymbol{Z}^*$，使得 $i(T) \geqslant i(Z^*)$.

证明　假设不存在，那么 T 一定存在一个分支或 Υ-子图不是一个 zig-zag 链. 由定理 3.3.1 可知，存在一个树形苯环系统 T'，它是由 T 通过用相同苯环数目的 zig-zag 链替换 T 的分支或 Υ-子图得到的图，使得 $i(T') < i(T)$. 重复这种操作，我们最终得到一个 zig-zag 树形苯环系统 $Z^* \in \boldsymbol{Z}^*$，使得 $i(Z^*) < i(T)$，与假设矛盾，所以定理结论成立.

由定理 3.3.1 和定理 3.3.3 的证明过程相似，我们得到下面的定理.

定理 3.3.4　假设 $T \in T_n$，且苯环数目为 n，那么 $i(T) \leqslant i(L^*)$，当且仅当 $T \cong L^*$ 等号成立.

推论 1　假设 $S(n_1,n_2,n_3)$ 是所有三叉树形苯环系统中 Merrifield-Simmons 指标取得最小值的图，那么 $S(n_1,n_2,n_3)$ 一定是一个 zig-zag 三叉树形苯环系统.

推论 2　假设 $S(n_1,n_2,n_3)$ 是所有三叉树形苯环系统中 Merrifield-Simmons 指标取得最大值的图，那么 $S(n_1,n_2,n_3)$ 一定是一个线性三叉树形苯环系统.

推论 3　假设 $B_n \in \Psi_n$，如果 B_n 不是 L_n 和 Z_n，那么 $i(Z_n) < i(B_n) < i(L_n)$.

3.4　zig-zag 树形苯环系统 Merrifield-Simmons 指标的下界

在本节中，我们将确定 zig-zag 树形苯环系统 Merrifield-Simmons 指标的下界. 先给出几个重要的引理.

引理 3.4.1　设图 G 是一个苯环数目为 k 的链（图 3.4.1），那么有

$$\begin{pmatrix} i(Z_k) \\ i(Z_k - x_k - y_k) \\ i(Z_k - x_k - x_k' - y_k) \\ i(Z_k - x_k - y_k - y_k') \\ i(Z_k - y_k') \\ i(Z_k - y_k) \\ i(Z_k - y_k - y_k') \end{pmatrix} = \begin{pmatrix} 3 & 2 & 2 & 1 \\ 1 & 1 & 1 & 1 \\ 1 & 1 & 0 & 0 \\ 1 & 0 & 1 & 0 \\ 3 & 0 & 2 & 0 \\ 2 & 2 & 1 & 1 \\ 2 & 0 & 1 & 0 \end{pmatrix} \begin{pmatrix} i(Z_{k-1}) \\ i(Z_{k-1} - y_{k-1}') \\ i(Z_{k-1} - y_{k-1}) \\ i(Z_{k-1} - y_{k-1} - y_{k-1}') \end{pmatrix}.$$

证明 由引理 3.1.1 和引理 3.1.2，易证得结论成立.

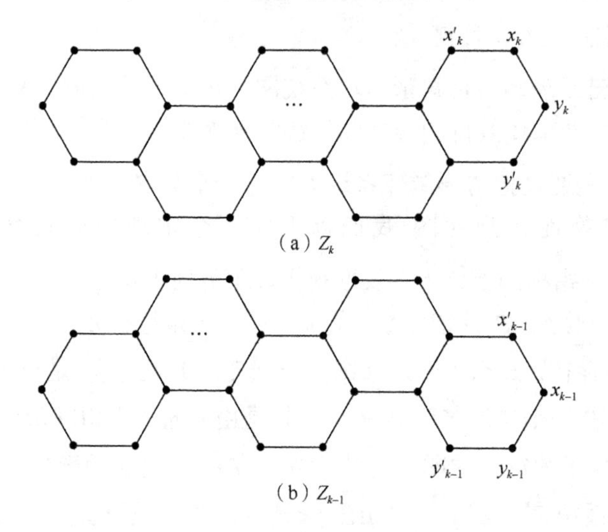

（a）Z_k

（b）Z_{k-1}

图 3.4.1 图 Z_k 和图 Z_{k-1}

引理 3.4.2 记号表示的方法与引理 3.4.1 一致，并且设 Z_k 是一个苯环数目为 k 的 zig - zag 链 $(k \geqslant 3)$，则有：

（1）$i(Z_k - x_k - y_k) > i(P_5)i(Z_{k-2}) + i(P_3)i(Z_{k-2} - y'_{k-2})$；

（2）$i(Z_k - x_k - y_k - y'_k) < i(P_4)i(Z_{k-2}) + i(P_3)i(Z_{k-2} - y'_{k-2})$；

（3）$i(Z_k - x_k - x'_k - y_k) < i(P_5)i(Z_{k-2} - y_{k-2}) + i(P_3)i(Z_{k-2} - y_{k-2} - y'_{k-2})$.

其中，$P_m (m = 3,4,5)$ 是一条顶点数为 m 的路.

证明 （1）令

$$f_1(k) = i(Z_k),\ f_2(k) = i(Z_k - x_k - y_k),$$
$$f_3(k) = i(Z_k - x_k - y_k - y'_k),\ f_4(k) = i(Z_k - x_k - x'_k - y_k),$$
$$f_5(k) = i(Z_k - y'_k),\ f_6(k) = i(Z_k - y_k),\ f_7(k) = i(Z_k - y_k - y'_k).$$

应用引理 3.4.1 得到子图 $Z_k - x_k - y_k, Z_{k-2}, Z_{k-2} - y'_{k-2}$，我们得到

$$\begin{aligned} & i(Z_k - x_k - y_k) = f_2(k) \\ = & f_1(k-1) + f_5(k-1) + f_6(k-1) + f_7(k-1) \\ = & 10 f_1(k-2) + 4 f_5(k-2) + 6 f_6(k-2) + 2 f_7(k-2) \end{aligned}$$

和

$$i(P_5)i(Z_{k-2}) + i(P_3)i(Z_{k-2} - y'_{k-2}) = 13 f_1(k-2) + 5 f_5(k-2).$$

由于 $f_1(k-2)=f_6(k-2)+f_3(k-2)$，$k\geqslant 3$，因此

$$\begin{aligned}\varDelta_1 &= i(Z_k-x_k-y_k)-[i(P_5)i(Z_{k-2})+i(P_3)i(Z_{k-2}-y'_{k-2})]\\ &=-3f_1(k-2)-f_5(k-2)+6f_6(k-2)+2f_7(k-2)\\ &=3f_6(k-2)-3f_3(k-2)-f_5(k-2)+2f_7(k-2).\end{aligned}$$

因为 $Z_k-x_k-y_k-y'_k$ 是 Z_k-y_k 的真子图，所以 $i(Z_k-y_k)>i(Z_k-x_k-y_k-y'_k)$．由引理 3.1.3，我们得到 $2f_7(k-2)>f_5(k-2)$，因此 $\varDelta_1>0$．

（2）同结论（1）的证明过程相似，由引理 3.4.1，我们得到

$$\begin{aligned}&i(Z_k-x_k-y_k-y'_k)=f_3(k)\\ &=f_1(k-1)+f_6(k-1)\\ &=5f_1(k-2)+4f_5(k-2)+3f_6(k-2)+2f_7(k-2)\end{aligned}$$

和

$$i(P_4)i(Z_{k-2})+i(P_3)i(Z_{k-2})=8f_1(k-2)+5f_5(k-2).$$

因此

$$\begin{aligned}\varDelta_2 &= i(P_4)i(Z_{k-2})+i(P_3)i(Z_{k-2})-i(Z_k-x_k-y_k-y'_k)\\ &=3f_1(k-2)+f_5(k-2)-3f_6(k-2)-2f_7(k-2).\end{aligned}$$

根据引理 3.1.3，我们得到 $f_1(k-2)=f_6(k-2)+f_3(k-2)$，因此

$$\begin{aligned}\varDelta_2 &= 3f_1(k-2)+f_5(k-2)-3f_6(k-2)-2f_7(k-2)\\ &=[2f_3(k-2)-f_7(k-2)]+[f_5(k-2)-f_7(k-2)]+f_3(k-2).\end{aligned}$$

因为 $Z_k-y_k-y'_k$ 是 $Z_k-y'_k$ 的真子图，所以 $i(Z_k-y'_k)>i(Z_k-y_k-y'_k)$.由引理 3.1.3，我们得到 $2f_3(k-2)>f_7(k-2)$，因此 $\varDelta_2>0$．

（3）同结论（1）、（2）的证明过程相似，由引理 3.3.1，我们得到

$$\begin{aligned}&i(Z_k-x_k-y_k-x'_k)=f_4(k)\\ &=f_1(k-1)+f_5(k-1)\\ &=6f_1(k-2)+2f_5(k-2)+4f_6(k-2)+f_7(k-2)\end{aligned}$$

和

$$i(P_5)i(Z_{k-2}-y_{k-2})+i(P_3)i(Z_{k-2}-y_{k-2}-y'_{k-2})=13f_6(k-2)+5f_7(k-2).$$

因此

$$\begin{aligned}
\Delta_3 &= i(P_5)i(Z_{k-2}-y_{k-2})+i(P_3)i(Z_{k-2}-y_{k-2}-y'_{k-2})-i(Z_k-x_k-y_k-x'_k)\\
&=-6f_1(k-2)-2f_5(k-2)+9f_6(k-2)+4f_7(k-2)\\
&=3f_6(k-2)-6f_3(k-2)-2f_5(k-2)+4f_7(k-2)\\
&=2f_1(k-3)+6f_5(k-3)-3f_6(k-3)+3f_7(k-3).
\end{aligned}$$

因为$Z_{k-3}-y_{k-3}$是Z_{k-3}的真子图，所以$i(Z_{k-3})>i(Z_{k-3}-y_{k-3})$．由引理 3.1.3，我们得到$2f_5(k-3)>f_6(k-3)$，因此$\Delta_3>0$，所以结论成立.

定理 3.4.1 对任意的$T\in \boldsymbol{T}$和$k\geqslant 3$（参见苯环系统图 3.4.2），有：

（1）$i(T(s,t)\otimes Z_k(x_k,y_k))>i(T(s,t)\otimes Z_k(x'_{k-1},x_{k-1}))$；

（2）$i(T(s,t)\otimes Z_k(x'_k,x_k))>i(T(s,t)\otimes Z_k(x'_{k-1},x_{k-1}))$；

（3）$i(T(s,t)\otimes Z_k(y_k,y'_k))>i(T(s,t)\otimes Z_k(x'_{k-1},x_{k-1}))$.

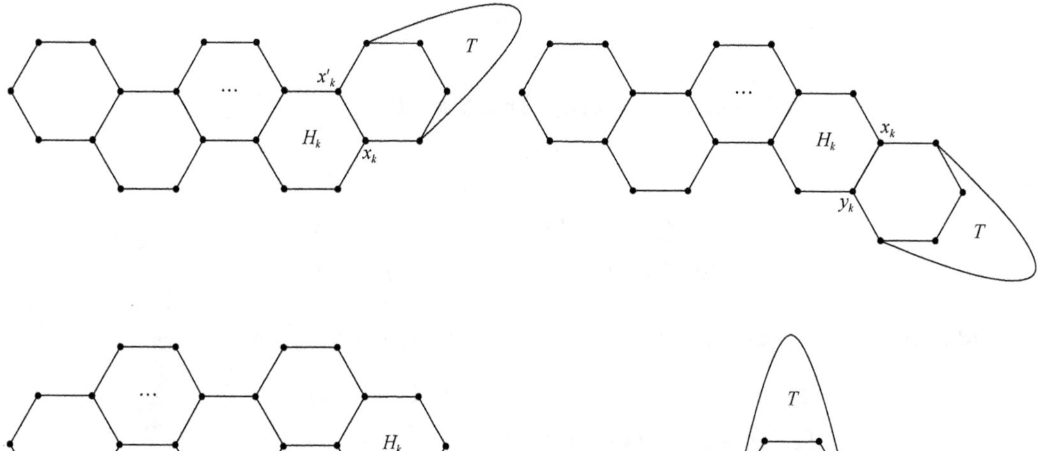

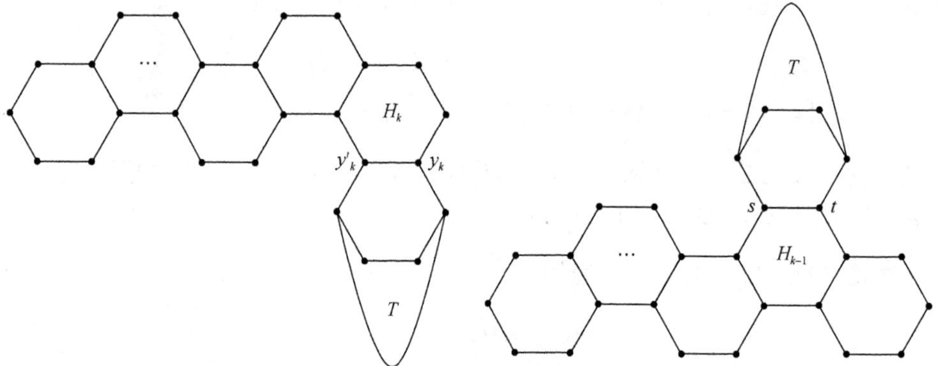

图 3.4.2 苯环系统图

证明 （1）由引理 3.1.1 和引理 3.1.2，我们得到

$$\begin{aligned}
&i(T(s,t)\otimes Z_k(x_k,y_k))\\
&=i(T-s-t)i(Z_k-x_k-y_k)+i(T-N_t)i(Z_k-x_k-y_k-y'_k)\\
&\quad +i(T-N_s)i(Z_k-x_k-x_k-x'_k)\\
&=i(T-s-t)f_2(k)+i(T-N_t)f_3(k)+i(T-N_s)f_4(k)
\end{aligned}$$

$$\begin{aligned}&i(T(s,t)\otimes Z_k(x'_{k-1},y_{k-1}))\\=&i(T-s-t)[13i(Z_{k-2})+5i(Z_{k-2}-y'_{k-2})]\\&+i(T-N_t)[8i(Z_{k-2})+5i(Z_{k-2}-y'_{k-2})]+i(T-N_s)\\&\times[13i(Z_{k-2}-y_{k-2})+5i(Z_{k-2}-y_{k-2}-y'_{k-2})]\\=&i(T-s-t)[13f_1(k-2)+5f_5(k-2)]+i(T-N_t)\\&\times[8f_1(k-2)+5f_5(k-2)]+i(T-N_s)[13f_6(k-2)+5f_7(k-2)].\end{aligned}$$

因此

$$\begin{aligned}\Delta_4&=i(T(s,t)\otimes Z_k(x_k,y_k))-i(T(s,t)\otimes Z_k(x'_{k-1},x_{k-1}))\\&=i(T-s-t)\{f_2(k)-[13f_1(k-2)+5f_5(k-2)]\}\\&\quad+i(T-N_t)\{f_3(k)-[8f_1(k-2)+5f_5(k-2)]\}\\&\quad+i(T-N_s)\{f_4(k)-[13f_6(k-2)+5f_7(k-2)]\}.\end{aligned}$$

由引理 3.3.2，我们得到

$$f_2(k)>13f_1(k-2)+5f_5(k-2),$$
$$f_3(k)<8f_1(k-2)+5f_5(k-2),$$
$$f_4(k)<13f_6(k-2)+5f_7(k-2).$$

如果$i(T-N_t)\leqslant i(T-N_s)$，则

$$\begin{aligned}\Delta_4>{}&i(T-N_s)[f_2(k)+f_3(k)+f_4(k)-21f_1(k-2)-10f_5(k-2)\\&-13f_6(k-2)-5f_7(k-2)].\end{aligned}$$

由于

$$f_2(k)+f_3(k)+f_4(k)-21f_1(k-2)-10f_5(k-2)-13f_6(k-2)-5f_7(k-2)=0,$$

因此$\Delta_4>0$. 同理，我们得到

（2）$i(T(s,t)\otimes Z_k(x'_k,x_k))>i(T(s,t)\otimes Z_k(x'_{k-1},x_{k-1}))$，

（3）$i(T(s,t)\otimes Z_k(y_k,y'_k))>i(T(s,t)\otimes Z_k(x'_{k-1},x_{k-1}))$.

因此定理 3.4.1 的结论成立.

推论　对任意的$k>3$，有：

（1）$i(L_n(s,t)\otimes Z_k(x_k,y_k))>i(L_n(s,t)\otimes Z_k(x'_{k-1},x_{k-1}))$；

（2）$i(L_n(s,t)\otimes Z_k(x'_k,x_k))>i(L_n(s,t)\otimes Z_k(x'_{k-1},x_{k-1}))$；

（3）$i(L_n(s,t)\otimes Z_k(y_k,y'_k))>i(L_n(s,t)\otimes Z_k(x'_{k-1},x_{k-1}))$.

我们用Z_n^*表示所有苯环数目为n的 zig - zag 树形苯环系统. 对于给定的$Z\in Z_n^*$，用图$Z^\perp$表示由图Z^*的每个分支通过变换 I 得到的图（图 3.4.3）.

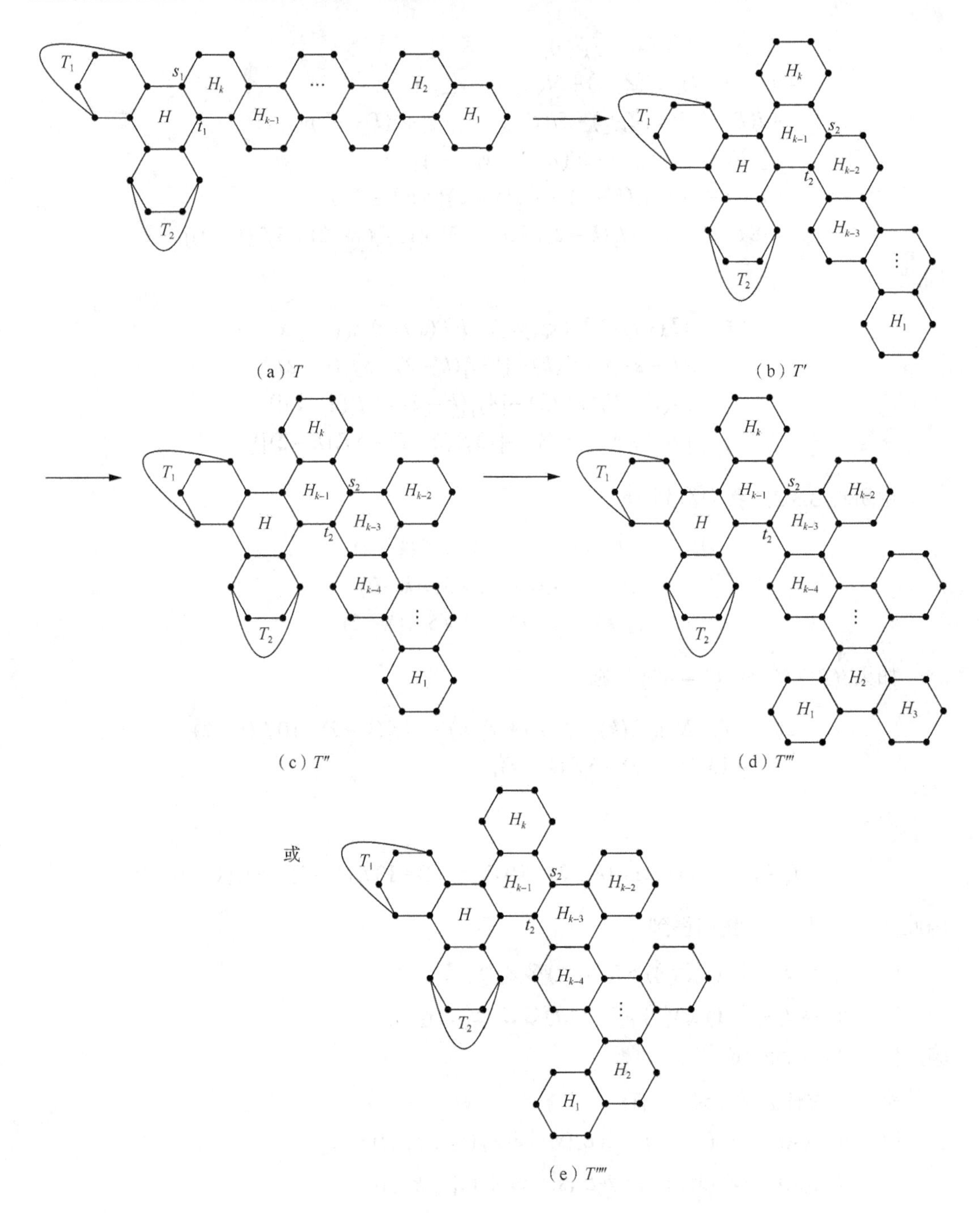

图 3.4.3 变换 I

变换 I 设 $Z_k = H_1H_2\cdots H_k$，$Z_k \otimes H$ 是 T 的分支（图 3.4.3）. 首先，图 T' 是由 $T - Z_k$ 和 Z_k 用 H_{k-1} 的边 u_1v_1 粘接 H 的边 s_2t_2 而得到的图；其次，图 T'' 是由 $T' - Z_{k-2}$ 和 Z_{k-2} 用 H_{k-3} 的边 u_2v_2 粘接 H_{k-1} 的边 s_2t_2 而得到的图；重复操作，我们最终得到图 T'''. 如果 $T = Z_n$，只需令 $H = H_1$.

定理 3.4.2　对任意 $Z^* \in Z_n^*$ 和 $n \geqslant 4$，有 $i(Z^{\perp}) \leqslant i(Z^*)$，当且仅当 $Z^{\perp} \cong Z^*$ 等号成立.

证明　由于图 $Z^{\perp}$ 是由图 Z^* 把它的每个分支通过变换 I 而得到的图，所以由定理 3.4.1，我们得到 $i(Z^{\perp}) \leqslant i(Z^*)$，当且仅当 $Z^{\perp} \cong Z^*$ 等号成立.

通过应用变换 I 到 zig - zag 三叉树形苯环系统 $S(n_1, n_2, n_3)$ 和 Z_n，并根据定理 3.4.1，我们得到以下两个推论.

推论 1　对任意苯环数为 n（$n \geqslant 4$）的 $Z^*(n_1, n_2, n_3) \in Z(n_1, n_2, n_3)$，有

$$i(Z^{\perp}(n_1, n_2, n_3)) \leqslant i(Z^*(n_1, n_2, n_3)) < i(L(n_1, n_2, n_3)),$$

当且仅当 $Z^{\perp}(n_1, n_2, n_3) \cong Z^*(n_1, n_2, n_3)$ 等号成立.

推论 2　对任意 $Z^* \in Z_n$ 和 $n \geqslant 4$，有

$$i(Z^{\perp}) < i(Z^*) < i(L_n).$$

第 4 章　单圈图、双圈图及多圈图的 Merrifield-Simmons 指标

在本章中，我们介绍单圈图、双圈图及几类多圈图的 Merrifield - Simmons 指标. 其中，4.1 节介绍单圈图的 Merrifield - Simmons 指标的相关结果；4.2 节研究双圈图的 Merrifield - Simmons 指标，证明双圈图的 Merrifield - Simmons 指标偏序；4.3 节给出几类多圈图的 Merrifield - Simmons 指标的上、下界.

4.1　单圈图的 Merrifield-Simmons 指标

用 $C(n,k)$ 表示具有 n 个顶点、圈长为 $k(3\leqslant k\leqslant n)$ 的连通单圈图集合，即对任意的 $G\in C(n,k)$，G 都只含有一个圈，不失一般性，我们可以用 C_k 表示 $G\in C(n,k)$ 的圈. 设 $G\in C(n,k)$，$V(G)=V_1\cup V_2=\varnothing$，并规定 $V_2\cong V(C_k)$. 设 $u\in V_1, v\in V_2$，且 $d(v)\geqslant 3$. 显然，顶点 v 与 $n-k$ 个顶点的森林的某些分支（树）相连. 用 $h(u,v)$ 表示 $G\in C(n,k)$ 中两个顶点 $u\in V_1$ 和 $v\in V_2$ 之间的距离，并规定这样的 (u,v) 路不含圈 C_k 上的路. 设 $Q_{n,m}$ 是将图 S_{n+1} 的 n 度点粘接到 C_m 的一个 2 度点上得到的图.

引理 4.1.1[9]　设 $\alpha=\dfrac{1+\sqrt{5}}{2}$ 和 $\beta=\dfrac{1-\sqrt{5}}{2}$，并且 F_n 和 L_n 分别是 Fibonacci 数列和 Lucas 数列，则

（1）$F_n=\dfrac{\alpha^n-\beta^n}{\sqrt{5}}$，$L_n=\alpha^n+\beta^n$；

（2）$F_nF_m=\dfrac{1}{\sqrt{5}}[L_{n+m}-(-1)^m L_{n-m}]$，$F_mL_n=F_{n+m}-(-1)^m F_{n-m}$.

定理 4.1.1[17]　设 $3\leqslant k\leqslant n$ 且 $G\in C(n,k)$，则 $i(G)\leqslant 2^{n-k}F_{m+1}+F_{k-1}$，当且仅当 $G\cong Q_{n-k,k}$ 时等号成立.

证明[17]　固定 k，对 n 用归纳法. 当 $n=k,k+1$ 时，显然 $C(n,k)$ 都只包含唯一的单圈图，结论成立. 假设结论对所有顶点数不大于 $n-1$、圈长为 k 的连通单圈图都成立，则下面证明结论对所有顶点数为 n、圈长为 k 的连通单圈图都成立. 设 $G\in C(n,k)$，直径 $d(G)=s$，则至少存在一条从圈 C_k 外一点 u_1 到圈 C_k 上一点 u_{s+1} 的路 $u_1u_2\cdots u_su_{s+1}$，且 u_1 仅与 u_2 相邻，$1\leqslant s\leqslant n-1$.

情形 1　当$s=1$时，设$d(u_2)=r+3$，不难得出$0\leqslant r\leqslant n-k-1$，则由引理 3.1.1 和引理 3.1.2，得

$$i(G)=i(G-u_1)+i(G-\{u_1,u_2\}),$$
$$i(Q_{n-k,k})=i(Q_{n-k-1,k})+2^{n-k-1}F_{k+1}.$$

因为u_1仅与圈C_k上的点u_2相邻，从而可知$G-u_1$是顶点数为$n-1$、圈长为k的连通单圈图，由归纳假设，知

$$i(G-u_1)\leqslant i(Q_{n-k-1,k})=2^{n-k-1}F_{k+1}+F_{k-1},$$

当且仅当$G-u_1\cong Q_{n-k-1,k}$时等号成立.

对$G-\{u_1,u_2\}$，容易看出其是由树T_{n-r-2}与r个K_1不相交的并组成的图，即有$G-\{u_1,u_2\}=rK_1\bigcup T_{n-r-2}$. 另外，因$s=1$，观察其结构，不难看出，$T_{n-r-2}$是顶点数为$n-r-2,k-2\leqslant d(T_{n-r-2})\leqslant k$的树，由引理 3.1.4，知

（1）当$d(T_{n-r-2})=k-2$时，

$$0\leqslant r\leqslant n-k-1, i(T_{n-r-2})\leqslant i(T_{k-2,n-r-k})=2^{n-r-k}F_{k-1}+F_{k-2};$$

（2）当$d(T_{n-r-2})=k-1$时，

$$0\leqslant r\leqslant n-k-2, i(T_{n-r-2})\leqslant i(T_{k-1,n-r-k-1})=2^{n-r-k-1}F_{k}+F_{k-1};$$

（3）当$(T_{n-r-2})=k$时，

$$0\leqslant r\leqslant n-k-3, i(T_{n-r-2})\leqslant i(T_{k,n-r-k-2})=2^{n-r-k-2}F_{k+1}+F_{k}.$$

不难推出

$$2^{n-r-k}F_{k-1}+F_{k-2}\geqslant 2^{n-r-k-1}F_{k}+F_{k-1}\geqslant 2^{n-r-k-2}F_{k+1}+F_{k},$$

因此有

$$i(T_{n-r-2})\leqslant 2^{n-r-k}F_{k-1}+F_{k-2}.$$

从而由引理 3.1.2，可得

$$\begin{aligned}&i(G-\{u_1,u_2\})\\&=2^{r}i(T_{n-r-2})\leqslant 2^{r}(2^{n-r-k}F_{k-1}+F_{k-2})\\&=2^{n-k}F_{k-1}+2^{r}F_{k-2}.\end{aligned}$$

注意到$2^{n-r-k}F_{k+1}=2^{n-k}F_{k-1}+2^{n-k-1}F_{k-2}$，而$0\leqslant r\leqslant n-k-1$，则$i(G-\{u_1,u_2\})\leqslant F_{k+1}$，当且仅当$r=n-k-1$时等号成立，因此

$$
\begin{aligned}
i(G) &\leqslant 2^{n-k-1}F_{k+1}+F_{k-1}+2^{n-k-1}F_{k+1}\\
&=2^{n-k}F_{k+1}+F_{k-1}\\
&=i(Q_{n-k,k}).
\end{aligned}
$$

所以当$s=1$时，有$i(G)\leqslant 2^{n-k}F_{k+1}+F_{k-1}$，当且仅当$G\cong Q_{n-k,k}$时等号成立.

情形 2 当$2\leqslant s\leqslant n-k$时，任选一条$u_1u_2u_3\cdots u_su_{s+1}$路，设$d_{u_2}=r+2$，不难推出$0\leqslant r\leqslant n-k-2$，同理，有

$$
i(G)=i(G-u_1)+i(G-\{u_1,u_2\}),
$$

$$
i(Q_{n-k,k})=i(Q_{n-k-1,k})+2^{n-k-1}F_{k+1}.
$$

因为$s\geqslant 2$，显然$G-u_1\in C(n-1,k)$，因此只需证明$i(G-\{u_1,u_2\})\leqslant 2^{n-k-1}F_{k+1}$即可.

由于u_1仅与u_2相邻，且$s\geqslant 2$，不难看出，$G-\{u_1,u_2\}$是由$H\in C(n-r-2,k)$与r个K_1不相交的并组成的图，即有$G-\{u_1,u_2\}=rK_1\cup H$. 所以由引理 3.1.2 可得$i(G-\{u_1,u_2\})=2^r i(H)$.

又由归纳假设，知

$$
i(H)\leqslant 2^{n-k-r-2}F_{k+1}+F_{k-1},
$$

当且仅当$H\cong Q_{n-r-k,k}$时等号成立，故有

$$
\begin{aligned}
i(G-\{u_1,u_2\}) &\leqslant 2^r(2^{n-k-r-2}F_{k+1}+F_{k-1})\\
&=2^{n-k-2}F_{k+1}+2^rF_{k+1}.
\end{aligned}
$$

注意到$2^{n-k-1}F_{k+1}=2^{n-k-2}F_{k+1}+2^{n-k-2}F_{k+1}, 0\leqslant r\leqslant n-k-2$，因此，有

$$
2^{n-k-2}F_{k+1}+2^rF_{k-1}<2^{n-k-1}F_{k+1},
$$

故

$$
\begin{aligned}
i(G) &< 2^{n-k-1}F_{k+1}+F_{k-1}+2^{n-k-1}F_{k+1}\\
&=2^{n-k}F_{k+1}+F_{k-1}=i(Q_{n-k,k}).
\end{aligned}
$$

所以，当$2\leqslant s\leqslant n-k$时，有$i(G)<i(Q_{n-k,k})$.

综上所述，根据归纳法原理，定理 4.1.1 成立.

推论 设$G\in\bigcup_{k=3}^{n}C(n,k)$，则$i(G)\leqslant 2^{n-2}+2^{n-3}+1$，当且仅当$G\cong S_{n-3,3}$时，$i(G)=2^{n-2}+2^{n-3}+1$，即连通单圈图族$\bigcup_{k=3}^{n}C(n,k)$中 Merrifield - Simmons 指标的最大值为$2^{n-2}+2^{n-3}+1$，其对应的极值图为$S_{n-3,3}$.

4.2　双圈图的 Merrifield-Simmons 指标

定义 4.2.1　图 $(C_k, v_1, C_m, v_s, S_{r+1})$，$Q(C_k, v_1, C_m, v_s, P_{r+1})$，$Q(C_k, v_1, C_m, v_s, T_{r+1})$，$Q(P_n, v_s, C_k)$ 的定义如图 4.2.1 所示.

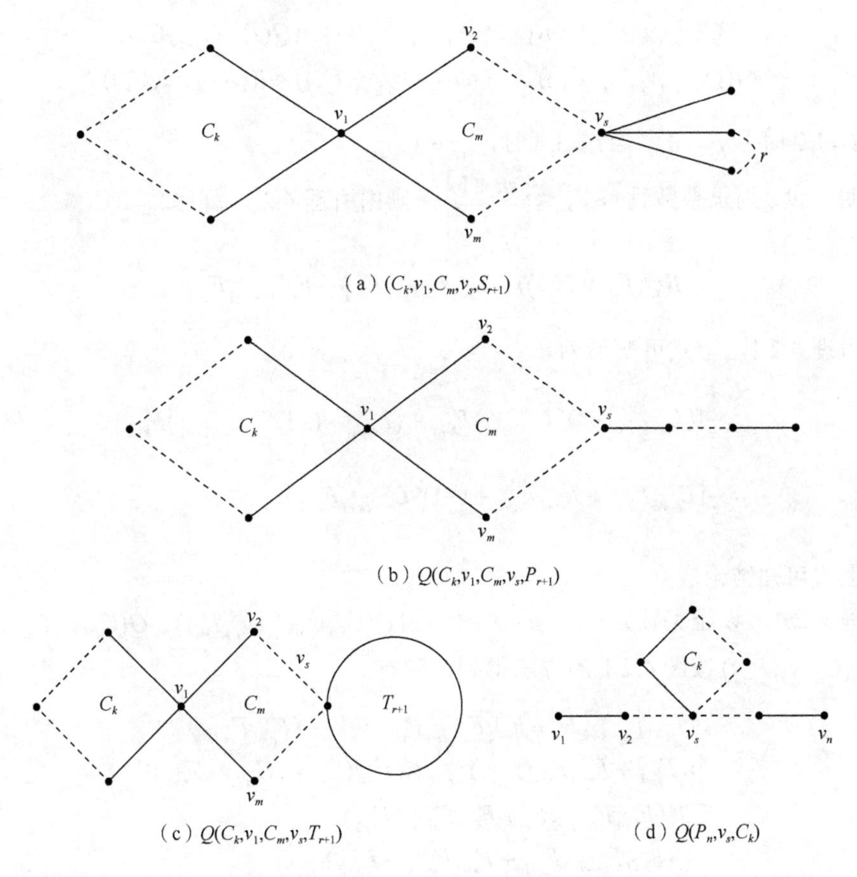

图 4.2.1　图 $(C_k, v_1, C_m, v_s, S_{r+1})$、图 $Q(C_k, v_1, C_m, v_s, P_{r+1})$、图 $Q(C_k, v_1, C_m, v_s, T_{r+1})$ 和图 $Q(P_n, v_s, C_k)$

图 4.2.1 在之后的章节中会常常出现.

引理 4.2.1　设 $n = k + m + r - 1$，图 $Q(C_k, v_1, C_m, v_s, S_{r+1})$，$Q(P_n, v_s, C_k)$，$Q(C_k, v_1, C_m, v_s, P_{r+1})$ 如图 4.2.1 所示，则

$$\begin{aligned}
&i(Q(C_k, v_1, C_m, v_s, S_{r+1})) \\
&= 2^r (F_{k+1} F_{m-s+2} F_s + F_{k-1} F_{m-s+1} F_{s-1}) \\
&\quad + (F_{k+1} F_{m-s+1} F_{s-1} + F_{k-1} F_{m-s} + F_{s-2}),
\end{aligned}$$

$$\begin{aligned}
&i(Q(C_k,v_1,C_m,v_s,P_{r+1}))\\
&=(F_{k+1}F_{m-s+2}F_s+F_{k-1}F_{m-s+1}F_{s-1})F_{r+2}\\
&\quad+(F_{k+1}F_{m-s+1}F_{s-1}+F_{k-1}F_{m-s}+F_{s-2})F_{r+1},\\
&i(Q(P_m,v_s,C_k))=F_{s+1}F_{m-s+2}F_{k+1}+F_sF_{m-s+1}F_{k-1}.
\end{aligned}$$

证明 由引理 3.1.1 和引理 3.1.2 易证引理结论成立.

引理 4.2.2 设整数 $m=4j+i,i\in\{1,2,3,4\}$ 且 $j\geqslant 2$，则有

$$\begin{aligned}
&i(Q(P_m,v_1,C_k))<i(Q(P_m,v_3,C_k))<\cdots<i(Q(P_m,v_{2j+1},C_k))\\
&<i(Q(P_m,v_{2j+2\rho},C_k))<\cdots<i(Q(P_m,v_4,C_k))<i(Q(P_m,v_2,C_k)).
\end{aligned}$$

当 $i=1,2$ 时，$\rho=0$；当 $i=3,4$ 时，$\rho=1$.

证明 设 s 为正整数且 $1\leqslant s\leqslant\left[\dfrac{m+1}{2}\right]$，则由引理 4.2.1，可知

$$i(Q(P_m,v_s,C_k))=F_{s+1}F_{m-s+2}F_{k+1}+F_sF_{m-s+1}F_{k-1}.$$

由引理 4.2.1，上式可变形为

$$\begin{aligned}
&\frac{1}{5}[(L_{m+3}+(-1)^sL_{m-2s+1})F_{k+1}+(L_{m+1}+(-1)^{s+1}L_{m-2s-1})F_{k-1}]\\
&=\frac{1}{5}[L_{m+3}F_{k+1}+L_{m+1}F_{k-1}+(-1)^sL_{m-2s+1}F_{k+2}].
\end{aligned}$$

由上式可知结论成立.

定理 4.2.1 设正整数 $n=k+m+r-1$，图 $Q(C_k,v_1,C_m,v_s,T_{r+1})$，$Q(C_k,v_1,C_m,v_s,S_{r+1})$，$Q(C_k,v_1,C_m,v_s,P_{r+1})$ 按图 4.2.1 的方法得到，则有

$$\begin{aligned}
&(F_{k+1}F_{m-s+2}F_s+F_{k-1}F_{m-s-1}F_{s-1})F_{r+2}+(F_{k+1}F_{m-s+1}\\
&\times F_{s-1}+F_{k-1}F_{m-s}F_{s-2})F_{r+1}\leqslant i(Q(C_k,v_1,C_m,v_s,T_{r+1}))\\
&\leqslant 2^r(F_{k+1}F_{m-s+2}F_s+F_{k-1}F_{m-s+1}F_{s-1})\\
&\quad+(F_{k+1}F_{m-s+1}F_{s-1}+F_{k-1}F_{m-s}+F_{s-2}).
\end{aligned}$$

当且仅当 $Q(C_k,v_1,C_m,v_s,T_{r+1})\cong Q(C_k,v_1,C_m,v_s,P_{r+1})$ 左等号成立，当且仅当 $Q(C_k,v_1,C_m,v_s,T_{r+1})\cong Q(C_k,v_1,C_m,v_s,S_{r+1})$ 右等号成立.

证明 用归纳法先证右不等式成立. 当 $n=k+m-1$，即 $r=0$ 时，结论显然成立.

假设当 $n=k+m+r-2$，即 $r=1$ 时成立，那么当 $n=k+m+r-1$ 时，由于 $r\geqslant 2$，因此存在圈外一点 u_1，使得 $h(u_1,u_s)=l$. 下面对 l 分类讨论:

当 $l=1$ 时，结论成立.

当 $l\geqslant 2$ 时，不妨设 $d(v_s)=k_1+3,d(u_2)=k_2+2$ (u_2 与 u_1 相邻)，则

$$\begin{aligned}
&i(Q(C_k,v_1,C_m,v_s,T_{r+1}))\\
&=i(Q(C_k,v_1,C_m,v_s,T_{r+1})-u_1)+i(Q(C_k,v_1,C_m,v_s,T_{r+1})-\{u_1,u_2\}),
\end{aligned}$$

而

$$Q(C_k,v_1,C_m,v_s,T_{r+1})-u_1\cong Q(C_k,v_1,C_m,v_s,T_r),$$
$$Q(C_k,v_1,C_m,v_s,T_{r+1})-\{u_1,u_2\}\cong Q(C_k,v_1,C_m,v_s,T_{r-k_2-2})\cup k_2P_1.$$

由归纳假设，得

$$\begin{aligned}
&i(Q(C_k,v_1,C_m,v_s,T_{r+1}))\\
&\leqslant 2^{r-1}(F_{k+1}F_{m-s+2}F_s+F_{k-1}F_{m-s+1}F_{s-1})\\
&\quad+(F_{k+1}F_{m-s+1}F_{s-1}+F_{k-1}F_{m-s}F_{s-2})\\
&\quad+[2^{r-k_2-2}(F_{k+1}F_{m-s+2}F_s+F_{k-1}F_{m-s+1}F_{s-1})\\
&\quad+(F_{k+1}F_{m-s+1}F_{s-1}+F_{k-1}F_{m-s}F_{s-2})]c\\
&=(2^{r-1}+2^{r-2})(F_{k+1}F_{m-s+2}F_s+F_{k-1}F_{m-s+1}F_{s-1})\\
&\quad+(2^{k_1}+1)(F_{k+1}F_{m-s+1}F_{s-1}+F_{k-1}F_{m-s}F_{s-2})\\
&=3\times 2^{r-2}(F_{k+1}F_{m-s+2}F_s+F_{k-1}F_{m-s+1}F_{s-1})\\
&\quad+(2^{k_1}+1)(F_{k+1}F_{m-s+1}F_{s-1}+F_{k-1}F_{m-s}F_{s-2})\\
&<2^r(F_{k+1}F_{m-s+2}F_sF_{k-1}F_{m-s+1}F_{s-1})\\
&\quad+(F_{k+1}F_{m-s+1}F_{s-1}+F_{k-1}F_{m-s}F_{s-2})\\
&=i(Q(C_k,v_1,C_m,v_s,S_{r+1})),
\end{aligned}$$

当且仅当 $Q(C_k,v_1,C_m,v_s,T_{r+1})\cong Q(C_k,v_1,C_m,v_s,S_{r+1})$ 等号成立.

下面同样用归纳法证明左不等式成立.

当 $n=k+m-1$ 时，结论显然成立. 假设当 $n=k+m+r-2$ 时，结论成立，即

$$\begin{aligned}
&i(Q(C_k,v_1,C_m,v_s,T_r))\\
&\geqslant(F_{k+1}F_{m-s+2}F_s+F_{k-1}F_{m-s+1}F_{s-1})F_{r+1}+(F_{k+1}F_{m-s+1}F_{s-1}+F_{k-1}F_{m-s}F_{s-2})F_r,
\end{aligned}$$

那么当 $n=k+m+r-1$ 时，存在图外一点 u_1，使得

$$h(u_s,u_1)=u_su_{l-1}\cdots u_2u_1=l\geqslant 2\ \text{（}u_2\text{ 与 }u_1\text{ 相邻），}$$

设 $d(u_2)=k_1+2$，则有

$$\begin{aligned}
&i(Q(C_k,v_1,C_m,v_s,T_{r+1}))\\
&=i(Q(C_k,v_1,C_m,v_s,T_{r+1})-u_1)+i(Q(C_k,v_1,C_m,v_s,T_{r+1})-\{u_1,u_2\}),
\end{aligned}\qquad(4.2.1)$$

而

$$Q(C_k,v_1,C_m,v_s,T_{r+1})-u_1\cong Q(C_k,v_1,C_m,v_s,T_r),$$
$$Q(C_k,v_1,C_m,v_s,T_{r+1})-\{u_1,u_2\}\cong Q(C_k,v_1,C_m,v_s,T_{r-k_1-1})\cup k_1P_1.$$

由归纳假设，得

$$\begin{aligned}&i(Q(C_k,v_1,C_m,v_s,T_{r-k_1-1}))\\&\geqslant(F_{k-1}F_{m-s+2}F_s+F_{k-1}F_{m-s+1}F_{s-1})F_{r-k_1}\\&+(F_{k+1}F_{m-s+1}F_{s-1}+F_{k-1}F_{m-s}F_{s-2})F_{r-k_1-1}.\end{aligned}\tag{4.2.2}$$

由式（4.2.1）和式（4.2.2），可得到

$$\begin{aligned}&i(Q(C_k,v_1,C_m,v_s,T_{r+1}))\\&\geqslant(F_{k+1}F_{m-s+2}F_s+F_{k-1}F_{m-s+1}F_{s-1})F_{r+1}\\&\quad+(F_{k+1}F_{m-s+1}F_{s-1}+F_{k-1}F_{m-s}F_{s-2})F_r\\&\quad+(F_{k+1}F_{m-s+2}F_s+F_{k-1}F_{m-s+1}F_{s-1})F_{r-k_1}\cdot 2^{k_1}\\&\quad+(F_{k+1}F_{m-s+2}F_s+F_{k-1}F_{m-s+1}F_{s-1})F_{r-k_1-1}\cdot 2^{k_1}\\&=(F_{k+1}F_{m-s+2}F_s+F_{k-1}F_{m-s+1}F_{s-1})(F_{r+1}+F_{r-k_1}2^{k_1})\\&\quad+(F_{k+1}F_{m-s+1}F_{s-1}+F_{k-1}F_{m-s}F_{s-2})(F_r+F_{r-k_1-1}2^{k_1}).\end{aligned}\tag{4.2.3}$$

由 Fibonacci 递推公式和归纳法，易证下面式子成立：

$$F_{r+1}+F_{r-k_1}\cdot 2^{k_1}\geqslant F_{r+2},F_r+F_{r-k_1-1}\cdot 2^{k_1}\geqslant F_{r+1}.\tag{4.2.4}$$

由式（4.2.3）和式（4.2.4），可得到

$$\begin{aligned}&i(Q(C_k,v_1,C_m,v_s,T_{r+1}))\\&\geqslant(F_{k+1}F_{m-s+2}F_s+F_{k-1}F_{m-s+1}F_{s-1})F_{r+2}\\&\quad+(F_{k+1}F_{m-s+1}F_{s-1}+F_{k-1}F_{m-s}F_{s-2})F_{r+1},\end{aligned}$$

当且仅当 $Q(C_k,v_1,C_m,v_s,T_{r+1})\cong Q(C_k,v_1,C_m,v_s,S_{r+1})$ 等号成立.

由上述证明过程可知结论成立.

定理 4.2.2 图为 $Q(C_k,v_1,C_m,v_s,S_{r+1})$，设 $m=4j+i,i\in\{1,2,3,4\}$ 且 $j\geqslant 2$，则

$$\begin{aligned}&i(Q(C_k,v_1,C_m,v_1,S_{r+1}))>i(Q(C_k,v_1,C_m,v_3,S_{r+1}))>\cdots>i(Q(C_k,v_1,C_m,v_{2j+1},S_{r+1}))\\&>i(Q(C_k,v_1,C_m,v_2,S_{r+1}))>i(Q(C_k,v_1,C_m,v_4,S_{r+1}))>\cdots>i(Q(C_k,v_1,C_m,v_{2j+2\rho},S_{r+1})).\end{aligned}$$

当 $i=1,2$ 时，$\rho=0$；当 $i=3,4$ 时，$\rho=1$.

证明 由引理 4.2.1，可知

$$\begin{aligned}&i(Q(C_k,v_1,C_m,v_s,S_{r+1}))\\&=2^r(F_{k+1}F_{m-s+2}F_s+F_{k-1}F_{m-s+1}F_{s-1})\\&\quad+(F_{k+1}F_{m-s+1}F_{s-1}+F_{k-1}F_{m-s}+F_{s-2}).\end{aligned}\tag{4.2.5}$$

由引理 4.2.1 可得到式（4.2.5）等于

$$\frac{1}{5}\{[2^r(L_{m+2}+(-1)^{s+1}L_{m-2s+1})+(L_m+(-1)^s L_{m-2s+2})]F_{k+1}$$
$$+[2^r(L_m+(-1)^s L_{m-2s+2})+(L_{m-2}+(-1)^{s-1}L_{m-2s+2})]F_{k-1}\}$$
$$=\frac{1}{5}\{[2^r(L_{m+2}+(-1)^{s+1}L_{m-2s+2})+(L_m+(-1)^s L_{m-2s+2})]F_{k+1}$$
$$+[2^r(L_m+(-1)^s L_{m-2s+2})+(L_{m-2}+(-1)^{s-1}L_{m-2s+2})]F_{k-1}\}$$
$$=\frac{1}{5}[(2^r-1)(-1)^{s+1}L_{m-2s+2}F_{k-2}+(2^r L_{m+2}+L_m)F_{k+1}$$
$$+(2^r L_m+L_{m-2})F_{k-1}].$$

由上式可知命题成立.

引理 4.2.3　设图为$Q(C_k,v_1,C_m,v_s,S_{r+1})$，则

$$i(Q(C_k,v_1,C_m,v_s,S_{r+1}))=\frac{1}{5}[(2^r-1)(-1)^{s+1}L_{m-2s+2}F_{k-2}$$
$$+(2^r L_{m+2}+L_m)F_{k+1}+(2^r L_m+L_{m-2})F_{k-1}].$$

当$s=1$时，有

$$i(Q(C_k,v_1,C_m,v_s,S_{r+1}))$$
$$=\frac{1}{5}[2^r(L_mF_k+L_{m+2}F_{k+1}+(2L_m+L_{m-2})F_{k-1}].$$

定义 4.2.2　用$Q(C_k,v_1,C_m;n)$表示n个顶点的图是由图$Q(C_k,v_1,C_m)$的顶点$v_1,v_2,\cdots,v_m,u_2,u_3,\cdots,u_k$分别点粘接$T_{r_1+1},T_{r_2+1},\cdots,T_{r_m+1},T_{r_2'+1},\cdots,T_{r_k'+1}$而得到的图，其中$r_i\geqslant 0$, $1\leqslant i\leqslant m,r_j'\geqslant 0,1\leqslant j\leqslant k,T_{r_i+1}$是$r_i+1$的树，如图 4.2.2（a）所示. 用$Q_1(C_k,v_1,C_m;n)$表示$n$个顶点的图是由图$Q(C_k,v_1,C_m)$的顶点$v_1,v_2,\cdots,v_m,u_2,u_3,\cdots,u_k$分别点粘接$S_{r_1+1},S_{r_2+1},\cdots,S_{r_m+1},S_{r_2'+1},\cdots,S_{r_k'+1}$而得到的图，其中$r_i\geqslant 0,1\leqslant i\leqslant m,r_j'\geqslant 0,1\leqslant j\leqslant k$，如图 4.2.2（b）所示.

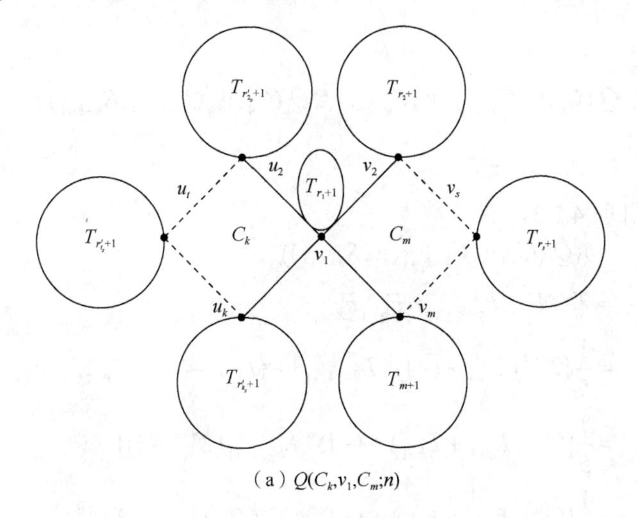

（a）$Q(C_k,v_1,C_m;n)$

图 4.2.2　图$Q(C_k,v_1,C_m;n)$和图$Q_1(C_k,v_1,C_m;n)$

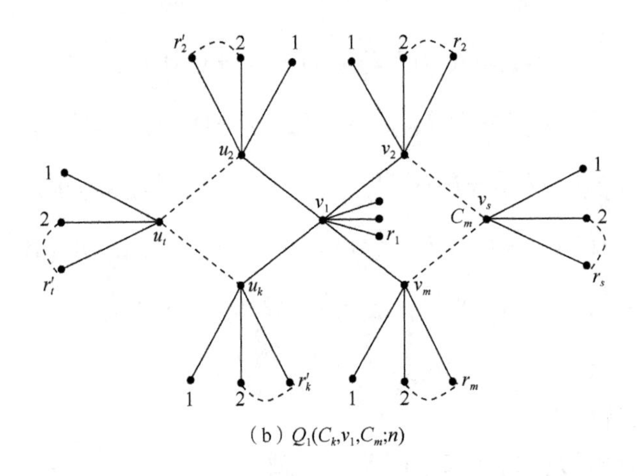

（b）$Q_1(C_k,v_1,C_m;n)$

图 4.2.2 （续）

定理 4.2.3 设 $n=r_1+r_2+\cdots+r_m+r_2'+r_3'+\cdots+r_k'+m+k-1$，对图 $Q(C_k,v_1,C_m;n)$ 和图 $Q_1(C_k,v_1,C_m;n)$，有

$$i(Q(C_k,v_1,C_m;n))\leqslant i(Q_1(C_k,v_1,C_m;n)).$$

证明 由引理 3.1.1 和引理 3.1.2 易证定理结论成立.

引理 4.2.4 对图 $Q_1(C_m,v_1,C_m;n)$，有

$$i(Q_1(C_k,v_1,C_m;n))\leqslant i(Q(C_k,v_1,C_m,v_i,S_{n-k-m-2})),$$

当且仅当 $Q_1(C_k,v_1,C_m;n)\cong Q$ 等号成立.

定理 4.2.4 对两类图族图 $Q_1(C_k,v_1,C_{k-k_1+1},v_1,S_{n-k+1})$ 和图 $Q_1(C_4,v_1,C_{k-3},v_1,S_{n-k+1})$，有

$$i(Q_1(C_k,v_1,C_{k-k_1+1},v_1,S_{n-k+1}))\leqslant 5\times 2^{n-k}F_{k-2}+2F_{k-4},$$

当且仅当

$$Q_1(C_k,v_1,C_{k-k_1+1},v_1,S_{n-k+1})\cong Q_1(C_4,v_1,C_{k-3},v_1,S_{n-k+1}),$$

等号成立.

证明 根据引理 4.2.3，有

$$\begin{aligned}
&i(Q_1(C_k,v_1,C_{k-k_1+1},v_1,S_{n-k+1}))\\
&=2^{n-k}F_{k_1+1}F_{k-k_1+2}+F_{k_1-1}F_{k-k_1}\\
&=\frac{1}{5}\{2^{n-k}[L_{k+3}+(-1)^{k_1}L_{k-2k_1+1}]+(L_{k-1}+(-1)^{k_1}L_{k-2k_1+1})\}\\
&=\frac{1}{5}[(2^{n-k}L_{k+3}+L_{k-1})+(-1)^{k_1}L_{k-2k_1+1}(2^{n-k}+1)]\\
&=\frac{1}{5}[(2^{n-k}L_{k+3}+L_{k-1})+(-1)^{k_1}(2^{n-k}+1)L_{k-2k_1+1}].
\end{aligned}$$

由上式可知结论成立，并且下面的结论也成立.

定理 4.2.5　设正整数 $k=4m+i, i\in\{1,2,3,4\}$ 且 $m\geqslant 2$，则有

$$\begin{aligned}&i(Q(C_4,v_1,C_{k-3},v_1,S_{n-k+1}))>i(Q(C_6,v_1,C_{k-5},v_1,S_{n-k+1}))\\&>\cdots>i(Q(C_{2m+2\rho},v_1,C_{k-2m-2\rho+1},v_1,S_{n-k+1}))\\&>i(Q(C_{2m+1},v_1,C_{k-2m},v_1,S_{n-k+1}))\\&>\cdots>i(Q(C_5,v_1,C_{k-4},v_1,S_{n-k+1}))>i(Q(C_3,v_1,C_{k-2},v_1,S_{n-k+1})).\end{aligned}$$

当 $i=1,2$ 时，$\rho=0$; 当 $i=3,4$ 时，$\rho=1$.

定理 4.2.6　对图 $Q(C_4,v_1,C_{k-3},v_1,S_{n-k+1})$，有

$$i(Q(C_4,v_1,C_3,v_1,S_{n-5}))>i(Q(C_4,v_1,C_4,v_1,S_{n-6}))>\cdots>i(Q(C_4,v_1,C_{n-1})).$$

证明　根据引理 4.2.3，有

$$\begin{aligned}&i(Q(C_4,v_1,C_{k-4},v_1,S_{n-k+2}))-i(Q(C_4,v_1,C_{k-3},v_1,S_{n-k+1}))\\&=5\times 2^{n-k+1}F_{k-3}+2F_{k-5}-5\times 2^{n-k}F_{k-2}-2F_{k-4}\\&=5\times 2^{n-k}F_{k-5}-2F_{k-6}>0.\end{aligned}$$

所以结论成立.

定义 4.2.3　用图 $Q_2(C_{k_1},v_1,C_{k-k_1+1};n)$ 表示 n 个顶点且双圈的顶点数是 k 的图，且该图是由 $Q(C_{k_1},v_1,C_{k-k_1+1})$ 的顶点 $v_1,v_2,\cdots,v_{k-k_1},u_2,u_3,\cdots,u_k$ 分别点粘接 $P_{r_1+1},P_{r_2+1},\cdots,P_{r_{k-k_1+1}},\cdots,P_{r_2'+1},\cdots,P_{r_k'+1}$ 而得到的图，如图 4.2.3 所示.

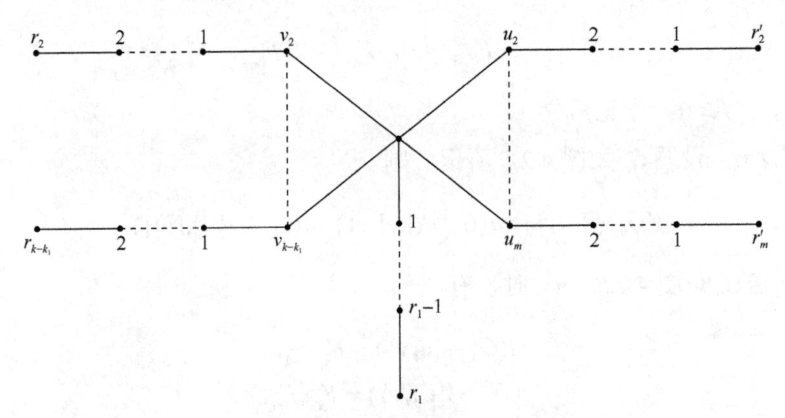

图 4.2.3　图 $Q_2(C_{k_1},v_1,C_{k-k_1+1};n)$

引理 4.2.5　若图 G' 是由图 G 转变而来，如图 4.2.4 所示，则 $i(G')\leqslant i(G)$，当且仅当 $G'\cong G$ 等号成立.

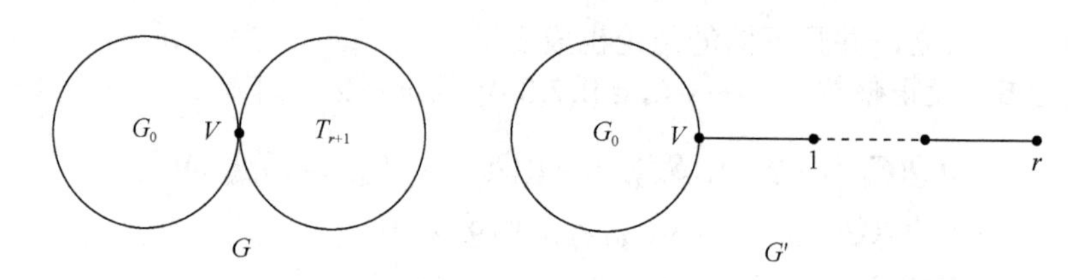

图 4.2.4 图 G 和图 G'

证明 用归纳法证明. 当$r=1$时，结论显然成立. 假设当$r \leqslant k$时，结论成立，那么当$r=k+1$时，在T_{r+1}上存在一点u，使得$h(u,v)=l$，并设u_2与u相邻且$d(u_2)=s \geqslant 2$，则

$$
\begin{aligned}
i(G) &= i(G-u)+i(G-[u]),\\
i(G') &= F_{k+3}i(G_0-v)+F_{k+2}i(G_0-[v])\\
&= i(G-u)+2^s i(G-\{u,u_2\})(\text{由归纳假设})\\
&\geqslant F_{k+2}i(G_0-v)+F_{k+1}i(G_0-[v])+2^s F_{k-s+1}i(G_0-v)\\
&\quad +2^s F_{k-s}i(G_0-[v]),
\end{aligned}
$$

所以

$$
\begin{aligned}
i(G)-i(G') = &(F_{k+2}+2^s F_{k-s+1}-F_{k+3})i(G_0-v)\\
&+(F_{k+1}+2^s F_{k-s}-F_{k+2})i(G_0-[v]).
\end{aligned}
$$

由引理 4.1.1，易得

$$
F_{k+2}+2^s F_{k-s+1}-F_{k+3} \geqslant 0,\ F_{k+1}+2^s F_{k-s}-F_{k+2} \geqslant 0,
$$

所以$i(G)-i(G') \geqslant 0$，结论成立.

引理 4.2.6 设图G_0如图 4.2.5 所示，则

$$
i(G_0-\{u,v\}) > i(G_0-\{[u],v\})+i(G_0-\{[u],[v]\}).
$$

证明 当G_0是图 4.2.5（a）时，有

$$
\begin{aligned}
i(G_0-\{u,v\}) &= F_{k+m-1}.\\
i(G_0-\{[u],v\}) &= F_{k-1}F_m.\\
i(G_0-\{[u],[v]\}) &= F_{k-1}F_{m-1}.
\end{aligned}
$$

$$
\begin{aligned}
&i(G_0-\{u,v\})-(i(G_0-\{[u],v\})+i(G_0-\{[u],[v]\}))\\
&= F_{k+m-1}-F_{k-1}F_{m-1}\\
&= F_{k-2}F_m > 0.
\end{aligned}
$$

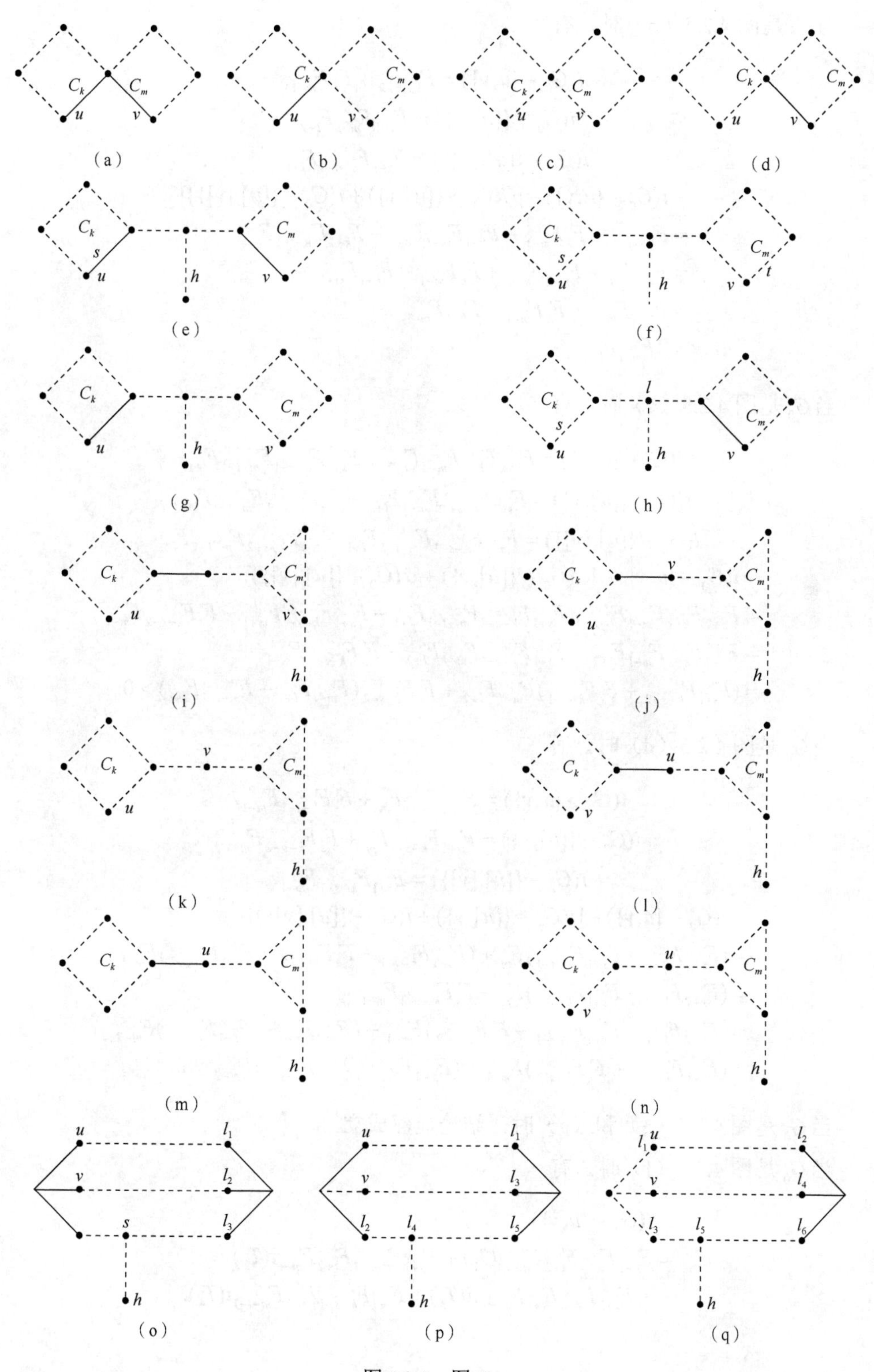

图 4.2.5　图 G_0

当 G_0 是图 4.2.5（b）时，有

$$i(G_0-\{u,v\})=F_{k+m-2}+F_kF_{m-1}.$$
$$i(G_0-\{[u],v\})=F_{k-1}F_{m-l}F_{l+2}.$$
$$i(G_0-\{[u],[v]\})=F_{k-1}F_{m-l-1}F_{l+1}.$$
$$\begin{aligned}&i(G_0-\{u,v\})-[(i(G_0-\{[u],v\})+i(G_0-\{[u],[v]\})]\\&=F_{k+m-2}+F_kF_{m-1}-F_{k-1}F_{m-l}F_{l+2}-F_{k-1}F_{m-l-1}F_{l+1}\\&=F_{k-1}F_m+F_{k-2}F_{m-1}+F_kF_{m-1}-F_{k-1}F_{m+1}\\&=F_{k-2}F_{m-1}+F_kF_{m-1}-F_{k-1}F_{m-1}\\&=2F_{m-1}F_{k-2}.\end{aligned}$$

当 G_0 是图 4.2.5（c）时，有

$$i(G_0-\{u,v\})=F_{s+2}F_{k-s}F_{m-l}F_{l+2}+F_{s+1}F_{k-s-1}F_{m-l-1}F_{l+1}.$$
$$i(G_0-\{[u],v\})=F_{s+1}F_{k-s-1}F_{m-l}F_{l+2}+F_sF_{k-s-2}F_{m-l-1}F_{l+1}.$$
$$i(G_0-\{[u],[v]\})=F_{s+1}F_{k-s-1}F_{m-l-1}F_{l+1}+F_sF_{k-s-2}F_{m-l-2}F_l.$$
$$\begin{aligned}&i(G_0-\{u,v\})-[\sigma(G_0-\{[u],v\})+\sigma(G_0-\{[u],[v]\})]\\&=F_{s+2}F_{k-s}F_{m-l}F_{l+2}+F_{s+1}F_{k-s-1}F_{m-l-1}F_{l+1}-F_{s+1}F_{k-s-1}F_{m+1}-F_sF_{k-s-2}F_{m-1}\\&=F_{s+2}F_{k-s}F_{m-l}F_{l+2}-F_{s+1}F_{k-s-1}F_{m-l}F_{l+2}-F_sF_{k-s-2}F_{m-1}\\&=(F_{s+1}F_{k-s-2}+F_sF_{k-s-1})F_{m-l}F_{l+2}+F_sF_{k-s-2}(F_{m-l}F_{l+1}-F_{m-l-1}F_{l-1})>0.\end{aligned}$$

当 G_0 是图 4.2.5（d）时，有

$$i(G_0-\{u,v\})=F_{s+2}F_{k-s}F_m+F_sF_{k-s-1}F_{m-1}.$$
$$i(G_0-\{[u],v\})=F_{s+1}F_{k-s-1}F_m+F_sF_{k-s-2}F_{m-1}.$$
$$i(G_0-\{[u],[v]\})=F_{s+1}F_{k-s-1}F_{m-1}.$$
$$\begin{aligned}&i(G_0-\{u,v\})-[i(G_0-\{[u],v\})+i(G_0-\{[u],[v]\})]\\&=(F_{s+2}F_{k-s}-F_{s+1}F_{k-s-1})F_m+(F_{s+1}F_{k-s-1}-F_sF_{k-s-2}-F_{s+1}F_{k-s-1})F_{m-1}\\&=(F_{s+2}F_{k-s}-F_{s+1}F_{k-s-1})F_m-F_sF_{k-s-2}F_{m-1}\\&=(F_{s+2}F_{k-s}-F_{s+1}F_{k-s-1}-F_sF_{k-s-2})F_{m-1}+(F_{s+2}F_{k-s}-F_{s+1}F_{k-s-1})F_{m-2}\\&=(F_{s+1}F_{k-s-2}+F_sF_{k-s-1})F_{m-1}+(F_{s+2}F_{k-s}+F_{s+1}F_{k-s-1})F_{m-2}>0.\end{aligned}$$

当 G_0 是图 4.2.5（e）和（g）时，结论显然成立.

当 G_0 是图 4.2.5（f）时，有

$$\begin{aligned}&i(G_0-\{u,v\})\\&=F_{s+2}F_{k-s}F_{t+2}F_{m-t}i(T_1)+F_{s+1}F_{k-s-1}F_{t+2}F_{m-t}i(T_2)\\&\quad+F_{s+2}F_{k-s}F_{t+1}F_{m-t-1}i(T_3)+F_{s+1}F_{k-s-1}F_{t+1}F_{m-t-1}i(T_4).\end{aligned}$$

$$
\begin{aligned}
& i(G_0-\{[u],v\}) \\
&= F_{s+1}F_{k-s-1}F_{t+2}F_{m-t}i(T_1)+F_sF_{k-s-2}F_{t+2}F_{m-t}i(T_2) \\
&\quad +F_{s+1}F_{k-s-1}F_{t+1}F_{m-t-1}i(T_3)+F_sF_{k-s-2}F_{t+1}F_{m-t-1}i(T_4). \\
& i(G_0-\{[u],[v]\}) \\
&= F_{s+1}F_{k-s-1}F_{t+1}F_{m-t-1}i(T_1)+F_sF_{k-s-2}F_{t+1}F_{m-t-1}i(T_2) \\
&\quad +F_{s+1}F_{k-s-1}F_tF_{m-t-2}i(T_3)+F_sF_{k-s-2}F_tF_{m-t}i(T_4). \\
& i(G_0-\{u,v\})-[i(G_0-\{[u],v\})+i(G_0-\{[u],[v]\})] \\
&= (F_{s+2}F_{k-s}F_{t+2}F_{m-t}-F_{s+1}F_{k-s-1}F_{m+1})i(T_1) \\
&\quad +(F_{s+1}F_{k-s-1}F_{t+2}F_{m-t}-F_sF_{k-s-2}F_{m+1})i(T_2) \\
&\quad +(F_{s+2}F_{k-s}F_{t+1}F_{m-t-1}-F_{s+1}F_{k-s-1}F_{m-1})i(T_3) \\
&\quad +(F_{s+1}F_{k-s-1}F_{t+1}F_{m-t-1}-F_sF_{k-s-2}F_{m-1})i(T_4) \\
&> (F_{k+1}F_{m+1}-F_{k-1}F_{m+1}-F_{k-1}F_{m-1})i(T_4) \\
&= F_kF_{m+1}-F_{k-1}F_{m-1}>0.
\end{aligned}
$$

当 G_0 是图 4.5.2（h）时，有

$$
\begin{aligned}
& i(G_0-\{u,v\}) \\
&= F_{s+2}F_{k-s}F_mi(T_1)+F_{s+1}F_{k-s-1}F_mi(T_2) \\
&\quad +F_{s+2}F_{k-s}F_{m-1}F_{m-1}i(T_3)+F_{s+1}F_{k-s-1}F_{m-1}i(T_4). \\
& \sigma(G_0-\{[u],v\}) \\
&= F_{s+1}F_{k-s-1}F_mi(T_1)+F_sF_{k-s-2}F_mi(T_2) \\
&\quad +F_{s+1}F_{k-s-1}F_{t+1}F_{m-1}i(T_3)+F_sF_{k-s-2}F_{m-1}i(T_4).
\end{aligned}
$$

$$
\begin{aligned}
& i(G_0-\{[u],[v]\})=F_{s+1}F_{k-s-1}F_{m-1}i\left(T_1\right)+F_sF_{k-s-2}F_tF_{m-1}i\left(T_4\right). \\
& i(G_0-\{u,v\})-[i(G_0-\{[u],v\})+i(G_0-\{[u],[v]\})] \\
&= (F_{s+2}F_{k-s}F_m-F_{s+1}F_{k-s-1}F_m-F_{s+1}F_{k-s-1}F_{m-1})i(T_1) \\
&\quad +(F_{s+1}F_{k-s-1}F_m-F_sF_{k-s-2}F_m-F_sF_{k-s-2}F_{m-1})i(T_2) \\
&\quad +(F_{s+2}F_{k-s}F_{m-1}-F_{s+1}F_{k-s-2}F_{m-1})i(T_3) \\
&\quad +(F_{s+1}F_{k-s-1}F_{m-1}-F_sF_{k-s-2}F_{m-1})i(T_4) \\
&> (F_{k+1}F_m-F_{k-1}F_{m+1})i(T_2)+(F_{s+2}F_{k-s}F_{m-1}-F_{s+1}F_{k-s-2}F_{m-1})i(T_3) \\
&\quad +(F_{s+1}F_{k-s-1}F_{m-1}-F_sF_{k-s-2}F_{m-1})i(T_4).
\end{aligned}
$$

当 G_0 是图 4.2.5（i）、（j）、（l）、（m）时，结论显然成立.

当 G_0 是图 4.2.5（k）时，有

$$
\begin{aligned}
i(G_0-\{u,v\}) &= F_{s+2}F_{k-s}i(T_1)+F_{s+1}F_{k-s-1}i(T_1). \\
i(G_0-\{[u],v\}) &= F_{s+1}F_{k-s-1}F_{l+1}i(T_1)+F_sF_{k-s-2}F_{l-1}i(T_1). \\
i(G_0-\{[u],[v]\}) &= F_{s+1}F_{k-s-1}F_li(T_2)+F_sF_{k-s-2}F_tF_{l-2}i(T_2).
\end{aligned}
$$

$$
\begin{aligned}
& i(G_0-\{u,v\})-[i(G_0-\{[u],v\})+i(G_0-\{[u],[v]\})] \\
&=(F_{s+2}F_{k-s}F_{l+1}-F_{s+1}F_{k-s-1}F_l-F_{s+1}F_{k-s-1}F_{l+1}-F_sF_{k-s-2}F_{l-1})i(T_1) \\
&\quad -(F_{s+1}F_{k-s-1}F_l+F_sF_{k-s-2}F_{l-2})i(T_2) \\
&>(F_{s+2}F_{k-s}F_{l+1}+F_{s+1}F_{k-s-1}F_{l+1}+F_sF_{k-s-2}F_l)i(T_2) \\
&=(F_{s+2}F_{k-s}F_{l+1}+F_sF_{k-s-2}F_{l-1})i(T_2)>0.
\end{aligned}
$$

当 G_0 是图 4.2.5（n）时，有

$$i(G_0-\{u,v\})=F_{s+2}F_{k-s}F_{l+1}i(T_1)+F_{s+1}F_{k-s-1}F_li(T_1).$$

$$i(G_0-\{[u],v\})=F_{s+1}F_{k-s-1}F_li(T_2)+F_{s+1}F_{k-s-1}F_{l-1}i(T_1).$$

$$i(G_0-\{[u],[v]\})=F_{s+1}F_{k-s-1}F_li(T_2)+F_sF_{k-s-1}F_{l-2}i(T_2).$$

$$
\begin{aligned}
& i(G_0-\{u,v\})-[i(G_0-\{[u],v\})+i(G_0-\{[u],[v]\})] \\
&=(F_{s+2}F_{k-s}F_{l+1}-F_{s+1}F_{k-s-1}F_l)i(T_1) \\
&\quad -(F_{s+2}F_{k-s}F_l+2F_{s+1}F_{k-s-1}F_l)i(T_2) \\
&>(F_{s+2}F_{k-s}F_{l+1}-F_{s+1}F_{k-s}F_l-F_{s+1}F_{k-s-1}F_l)i(T_2) \\
&=[F_sF_{k-s-1}F_{l-3}+(F_{s+1}F_{k-s-1}+F_sF_{k-s-2})F_l-F_{s-1}F_{k-s-1}F_{l-2}]i(T_2) \\
&>0.
\end{aligned}
$$

当 G_0 是图 4.2.5（o）时，有

$$
\begin{aligned}
& i(G_0-\{u,v\}) \\
&=F_{l_1+1}F_{l_2+1}(F_{l_3-s+2}F_{s+2}F_{h+2}+F_{l_3-s+1}F_{s+1}F_{h+1}) \\
&\quad +F_{l_1}F_{l_2}(F_{l_3-s+1}F_{s+2}F_{h+2}+F_{l_3-s}F_{s+1}F_{h+1}). \\
& i(G_0-\{[u],v\}) \\
&=F_{l_1}F_{l_2+1}(F_{l_3-s+2}F_{s+1}F_{h+2}+F_{l_3-s+1}F_sF_{h+1}) \\
&\quad +F_{l_1-1}F_{l_2}(F_{l_3-s+1}F_{s+1}F_{h+2}+F_{l_3-s}F_sF_{h+1}). \\
& i(G_0-\{[u],[v]\}) \\
&=F_{l_1}F_{l_2}(F_{l_3-s+2}F_{s+2}F_{h+2}+F_{l_3-s+1}F_{s+1}F_{h+1}) \\
&\quad +F_{l_1-1}F_{l_2-1}(F_{l_3-s+1}F_{s+1}F_{h+2}+F_{l_3-s}F_sF_{h+1}).
\end{aligned}
$$

$$
\begin{aligned}
& i(G_0-\{u,v\})-[i(G_0-\{[u],v\})+i(G_0-\{[u],[v]\})] \\
&=(F_{l_1+1}F_{l_2+1}F_{s+2}-F_{l_1}F_{l_2+2}F_{s+1})F_{l_3-s+2}F_{h+2}+(F_{l_1+1}F_{l_2+1}F_{s+1}-F_{l_1}F_{l_2+2}F_s)F_{l_3-s+1}F_{h+1} \\
&\quad +(F_{l_1}F_{l_2}F_{s+2}-F_{l_1-1}F_{l_2+1}F_{s+1})F_{l_3-s+1}F_{h+2}+(F_{l_1}F_{l_2}F_{s+1}-F_{l_1-1}F_{l_2+1}F_s)F_{l_3-s+1}F_{h+1} \\
&=(F_{l_1+1}F_{l_2+1}F_{s+2}+F_{l_1}F_{l_2}F_{s+2}-F_{l_1}F_{l_2}F_{s+1}-F_{l_1-1}F_{l_2+1}F_{s+1})F_{l_3-s+1}F_{h+2} \\
&\quad +(F_{l_1+1}F_{l_2+1}F_{s+1}-F_{l_1}F_{l_2}F_{s+1}-F_{l_1}F_{l_2}F_s-F_{l_1-1}F_{l_2+1}F_s)F_{l_3-s+1}F_{h+1} \\
&\quad +(F_{l_1+1}F_{l_2+1}F_{s+2}-F_{l_1}F_{l_2+2}F_{l_3-s}F_{h+2})
\end{aligned}
$$

$$
\begin{aligned}
&=(F_{l_1+l_2+1}F_{s+2}-F_{l_1+l_2+1}F_{s+1})F_{l_3-s+1}F_{h+2}+(F_{l_1+l_2+1}F_{s+1}\\
&\quad -F_{l_1+l_2+1}F_{s})F_{l_3-s+1}F_{h+1}+(F_{l_1+1}F_{l_2+1}F_{s+2}-F_{l_1}F_{l_2+2}F_{s+1})F_{l_3-s}F_{h+2}\\
&=F_{l_1+l_2+1}F_{s}F_{l_3-s+1}F_{h+2}+F_{l_1+l_2+1}F_{s-1}F_{l_3-s+1}F_{h+1}+(F_{l_1+1}F_{l_2+1}F_{s+2}\\
&\quad -F_{l_1}F_{l_2+2}F_{s+1})F_{l_3-s}F_{h+2}\\
&\geqslant(F_{l_1+l_2+1}F_{s}+F_{l_1+1}F_{s+2}F_{l_2+1}-F_{l_1}F_{l_2+2}F_{s+1})F_{l_3-s}F_{h+2}\\
&\quad +F_{l_1+l_2+1}F_{s-1}F_{l_3-s+1}F_{h+1}\\
&=\{F_{l_1}F_{l_2+2}(F_{s+2}-F_{s-1})+[F_{l_1-1}F_{l_2+1}(F_{s+2}-F_{s})-F_{l_1}F_{l_2}F_{s-1}]\}\\
&\quad \times F_{l_3-s}F_{h+2}+F_{l_1+l_2+1}F_{s-1}F_{l_3-s+1}F_{h+1}\\
&>[F_{l_1}F_{l_2+2}(F_{s+2}-F_{s-1})+F_{l_1}F_{l_2+2}F_{s}-F_{l_1}F_{l_2}F_{s-1}]F_{l_3-s}F_{h+2}\\
&\quad +F_{l_1+l_2+1}F_{s-1}F_{l_3-s+1}F_{h+1}>0.
\end{aligned}
$$

当 G_0 是图 4.2.5（p）时，有

$$
\begin{aligned}
&i(G_0-\{u,v\})\\
&=F_{l_1+2}F_{l_2+2}F_{l_3+2}F_{l_4+l_5+3}F_{h+2}+F_{l_1+2}F_{l_2+2}F_{l_3+1}F_{l_4+l_5+2}F_{h+1}\\
&\quad +F_{l_2+1}F_{l_3+1}F_{l_4+l_5+3}F_{h+2}+F_{l_1+1}F_{l_2+1}F_{l_3+1}F_{l_4+l_5+2}F_{h+1}.
\end{aligned}
$$

$$
\begin{aligned}
&i(G_0-\{[u],v\})\\
&=F_{l_1+1}F_{l_2+2}F_{l_3+2}F_{l_4+2}F_{h+2}F_{l_5+2}+F_{l_1+1}F_{l_2+2}F_{l_3+1}F_{l_4+1}F_{h+1}F_{l_5+2}\\
&\quad +F_{l_1}F_{l_2+1}F_{l_3+1}F_{l_4+2}F_{h+2}F_{l_5+2}+F_{l_1}F_{l_2+1}F_{l_3}F_{l_4+1}F_{h+1}F_{l_5+2}.
\end{aligned}
$$

$$
\begin{aligned}
&i(G_0-\{[u],[v]\})\\
&=F_{l_1+1}F_{l_2+2}F_{l_3+2}F_{l_4+2}F_{h+2}F_{l_5+2}+F_{l_1+1}F_{l_2+2}F_{l_3+1}F_{l_4+1}F_{h+1}F_{l_5+1}\\
&\quad +F_{l_1}F_{l_2}F_{l_3+1}F_{l_4+2}F_{h+2}F_{l_5+1}+F_{l_1}F_{l_2+1}F_{l_3}F_{l_4+1}F_{h+1}F_{l_5+1}.
\end{aligned}
$$

$$
\begin{aligned}
&i(G_0-\{u,v\})-[i(G_0-\{[u],v\})+i(G_0-\{[u],[v]\})]\\
&=F_{l_1+2}F_{l_2+2}F_{l_3+2}F_{l_4+l_5+3}F_{h+2}+F_{l_1+2}F_{l_2+2}F_{l_3+1}F_{l_4+l_5+2}F_{h+1}\\
&\quad +F_{l_1+1}F_{l_2+1}F_{l_3+1}F_{l_4+l_5+3}F_{h+2}+F_{l_1+1}F_{l_2+1}F_{l_3+1}F_{l_4+l_5+2}F_{h+1}\\
&\quad -(F_{l_1+1}F_{l_2+2}F_{l_3+2}F_{l_4+2}F_{h+2}F_{l_5+2}+F_{l_1+1}F_{l_2+2}F_{l_3+1}F_{l_4+1}F_{h+1}F_{l_5+2}\\
&\quad +F_{l_1}F_{l_2+1}F_{l_3+1}F_{l_4+2}F_{h+2}F_{l_5+2}+F_{l_1}F_{l_2+1}F_{l_3}F_{l_4+1}F_{h+1}F_{l_5+2}\\
&\quad +F_{l_1+1}F_{l_2+2}F_{l_3+2}F_{l_4+2}F_{h+2}F_{l_5+2}+F_{l_1+1}F_{l_2+2}F_{l_3+1}F_{l_4+1}F_{h+1}F_{l_5+1}\\
&\quad +F_{l_1}F_{l_2}F_{l_3+1}F_{l_4+2}F_{h+2}F_{l_5+1}+F_{l_1}F_{l_2+1}F_{l_3}F_{l_4+1}F_{h+1}F_{l_5+1})\\
&\geqslant(F_{l_4+l_5+3}F_{l_1+l_2+3}-F_{l_1+l_2+2}F_{l_4+3}F_{l_5+2}-F_{l_1+l_2+1}F_{l_4+3}F_{l_5+1})F_{l_3}F_{h+1}\\
&\quad \times(F_{l_1+l_2+2}F_{l_4+3}F_{l_5}-F_{l_1+l_2+3}F_{l_4+2}F_{l_5+1})F_{l_3}F_{h+1}>0.
\end{aligned}
$$

当 G_0 是图 4.2.5（q）时，有

$$
\begin{aligned}
& i(G_0-\{u,v\}) \\
={} & F_{h+1}F_{l_1+2}F_{l_2+2}F_{l_3+2}F_{l_4+2}F_{l_5+l_6+3}+F_{h+1}F_{l_1+1}F_{l_2+2}F_{l_3+1}F_{l_4+2}F_{l_5+l_6+2} \\
& +F_{h+1}F_{l_1+2}F_{l_2+1}F_{l_3+2}F_{l_4+1}F_{l_5+l_6+2}+F_{h+1}F_{l_1+1}F_{l_2+1}F_{l_3+1}F_{l_4+1}F_{l_5+l_6+1} \\
& +F_hF_{l_1+2}F_{l_2+2}F_{l_3+2}F_{l_4+2}F_{l_5+2}F_{l_6+2}+F_hF_{l_1+1}F_{l_2+2}F_{l_3+1}F_{l_4+2}F_{l_5+1}F_{l_6+2} \\
& +F_hF_{l_1+2}F_{l_2+1}F_{l_3+2}F_{l_4+1}F_{l_5+2}F_{l_6+1}+F_hF_{l_1+1}F_{l_2+1}F_{l_3+1}F_{l_4+1}F_{l_5+1}F_{l_6+1}.
\end{aligned}
$$

$$
\begin{aligned}
& i(G_0-\{[u],v\}) \\
={} & F_{h+1}F_{l_1+1}F_{l_2+1}F_{l_3+2}F_{l_4+2}F_{l_5+l_6+3}+F_{h+1}F_{l_1}F_{l_2+1}F_{l_3+1}F_{l_4+2}F_{l_5+l_6+2} \\
& +F_{h+1}F_{l_1+1}F_{l_2}F_{l_3+2}F_{l_4+1}F_{l_5+l_6+2}+F_{h+1}F_{l_1}F_{l_2}F_{l_3+1}F_{l_4+1}F_{l_5+l_6+1} \\
& +F_hF_{l_1+1}F_{l_2}F_{l_3+2}F_{l_4+2}F_{l_5+1}F_{l_6+2}+F_hF_{l_1}F_{l_2}F_{l_3+1}F_{l_4+2}F_{l_5+1}F_{l_6+2} \\
& +F_hF_{l_1+1}F_{l_2}F_{l_3+2}F_{l_4+1}F_{l_5+2}F_{l_6+1}+F_hF_{l_1}F_{l_2}F_{l_3+1}F_{l_4+1}F_{l_5+1}F_{l_6+1}.
\end{aligned}
$$

$$
\begin{aligned}
& i(G_0-\{[u],[v]\}) \\
={} & F_{h+1}F_{l_1+1}F_{l_2+1}F_{l_3+2}F_{l_4+1}F_{l_5+l_6+3}+F_{h+1}F_{l_1}F_{l_2+1}F_{l_3}F_{l_4+1}F_{l_5+l_6+2} \\
& +F_{h+1}F_{l_1+1}F_{l_2}F_{l_3+1}F_{l_4}F_{l_5+l_6+2}+F_{h+1}F_{l_1}F_{l_2}F_{l_3}F_{l_4}F_{l_5+l_6+1} \\
& +F_hF_{l_1+1}F_{l_2}F_{l_3+1}F_{l_4+1}F_{l_5+1}F_{l_6+2}+F_hF_{l_1}F_{l_2+1}F_{l_3}F_{l_4+1}F_{l_5+1}F_{l_6+2} \\
& +F_hF_{l_1+1}F_{l_2}F_{l_3+1}F_{l_4}F_{l_5+2}F_{l_6+1}+F_hF_{l_1}F_{l_2}F_{l_3}F_{l_4}F_{l_5+1}F_{l_6+1}.
\end{aligned}
$$

$$
\begin{aligned}
& i(G_0-\{u,v\})-[i(G_0-\{[u],v\})+i(G_0-\{[u],[v]\})] \\
={} & F_{h+1}F_{l_1+2}F_{l_2+2}F_{l_3+2}F_{l_4+2}F_{l_5+l_6+3}+F_{h+1}F_{l_1+1}F_{l_2+2}F_{l_3+1}F_{l_4+2}F_{l_5+l_6+2} \\
& +F_{h+1}F_{l_1+2}F_{l_2+1}F_{l_3+2}F_{l_4+1}F_{l_5+l_6+2}+F_{h+1}F_{l_1+1}F_{l_2+1}F_{l_3+1}F_{l_4+1}F_{l_5+l_6+1} \\
& +F_hF_{l_1+2}F_{l_2+2}F_{l_3+2}F_{l_4+2}F_{l_5+2}F_{l_6+2}+F_hF_{l_1+1}F_{l_2+2}F_{l_3+1}F_{l_4+2}F_{l_5+1}F_{l_6+2} \\
& +F_hF_{l_1+2}F_{l_2+1}F_{l_3+2}F_{l_4+1}F_{l_5+2}F_{l_6+1}+F_hF_{l_1+1}F_{l_2+1}F_{l_3+1}F_{l_4+1}F_{l_5+1}F_{l_6+1} \\
& -(F_{h+1}F_{l_1+1}F_{l_2+1}F_{l_3+2}F_{l_4+2}F_{l_5+l_6+3}+F_{h+1}F_{l_1}F_{l_2+1}F_{l_3+1}F_{l_4+2}F_{l_5+l_6+2} \\
& +F_{h+1}F_{l_1+1}F_{l_2}F_{l_3+2}F_{l_4+1}F_{l_5+l_6+2}+F_{h+1}F_{l_1}F_{l_2}F_{l_3+1}F_{l_4+1}F_{l_5+l_6+1} \\
& +F_hF_{l_1+1}F_{l_2}F_{l_3+2}F_{l_4+2}F_{l_5+1}F_{l_6+2}+F_hF_{l_1}F_{l_2}F_{l_3+1}F_{l_4+2}F_{l_5+1}F_{l_6+2} \\
& +F_hF_{l_1+1}F_{l_2}F_{l_3+2}F_{l_4+1}F_{l_5+2}F_{l_6+1}+F_hF_{l_1}F_{l_2}F_{l_3+1}F_{l_4+1}F_{l_5+1}F_{l_6+1} \\
& +F_{h+1}F_{l_1+1}F_{l_2+1}F_{l_3+2}F_{l_4+1}F_{l_5+l_6+3}+F_{h+1}F_{l_1}F_{l_2+1}F_{l_3}F_{l_4+1}F_{l_5+l_6+2} \\
& +F_{h+1}F_{l_1+1}F_{l_2}F_{l_3+1}F_{l_4}F_{l_5+l_6+2}+F_{h+1}F_{l_1}F_{l_2}F_{l_3}F_{l_4}F_{l_5+l_6+1} \\
& +F_hF_{l_1+1}F_{l_2}F_{l_3+1}F_{l_4+1}F_{l_5+1}F_{l_6+2}+F_hF_{l_1}F_{l_2+1}F_{l_3}F_{l_4+1}F_{l_5+1}F_{l_6+2} \\
& +F_hF_{l_1+1}F_{l_2}F_{l_3+1}F_{l_4}F_{l_5+2}F_{l_6+1}+F_hF_{l_1}F_{l_2}F_{l_3}F_{l_4}F_{l_5+1}F_{l_6+1}) \\
={} & \{[F_{l_1+1}F_{l_2+1}(F_{l_3+2}F_{l_4}+F_{l_3}F_{l_4+1})+(F_{l_1}F_{l_2}+F_{l_1}F_{l_2-2}+F_{l_2-1}F_{l_1-2}) \\
& \times F_{l_3+2}F_{l_4+2}]F_{l_5+l_6+3}+[F_{l_1}F_{l_2+1}(F_{l_3-1}F_{l_4+1}+F_{l_3+1}F_{l_4})+(F_{l_1-1}F_{l_2-2} \\
& +F_{l_1-3}F_{l_2-1}+F_{l_2}F_{l_1-1})F_{l_3+2}F_{l_4+1}]F_{l_5+l_6+2}+[F_{l_1}F_{l_2}(F_{l_3}F_{l_4-1} \\
& +F_{l_3-1}F_{l_4+1})+(F_{l_1-1}F_{l_2-1}+F_{l_1-2}F_{l_2-3}+F_{l_2-1}F_{l_1-3})F_{l_3+1}F_{l_4+1}] \\
& \times F_{l_5+l_6+1}\}F_{h+1}+\{[F_{l_1+1}F_{l_2+1}(F_{l_3+2}F_{l_4}+F_{l_3}F_{l_4+1})
\end{aligned}
$$

$$+(F_{l_1}F_{l_2}+F_{l_1}F_{l_2-2}+F_{l_2-1}F_{l_1-2})F_{l_3+2}F_{l_4+2}]F_{l_5+1}F_{l_6+2}+[F_{l_1}F_{l_2+1}$$
$$\times(F_{l_3-1}F_{l_4+1}+F_{l_3+1}F_{l_4})+(F_{l_1-1}F_{l_2-2}+F_{l_1-3}F_{l_2-1}+F_{l_2}F_{l_1-1})$$
$$\times F_{l_3+1}F_{l_4+2}]F_{l_5+1}F_{l_6+2}+[F_{l_1+1}F_{l_2}(F_{l_3+1}F_{l_4-1}+F_{l_3}F_{l_4+1})+(F_{l_1}F_{l_2-1}$$
$$+F_{l_1-2}F_{l_2-1}+F_{l_2-3}F_{l_1-1})F_{l_3+2}F_{l_4+1}]F_{l_5+2}F_{l_6+1}+[F_{l_1}F_{l_2}(F_{l_3}F_{l_4-1}$$
$$+F_{l_3-1}F_{l_4+1})+(F_{l_1-1}F_{l_2-1}+F_{l_1-2}F_{l_2-3}+F_{l_2-1}F_{l_1-3})F_{l_3+1}F_{l_4+1}]$$
$$\times F_{l_5+1}F_{l_6+1}\}F_h>0\,.$$

所以结论成立.

引理 4.2.7　图 G_2, G_3 是由图 G_1 转变而来，如图 4.2.6 所示，则

$$i(G_2)<i(G_1)\text{ 或 }i(G_3)<i(G_1)\,.$$

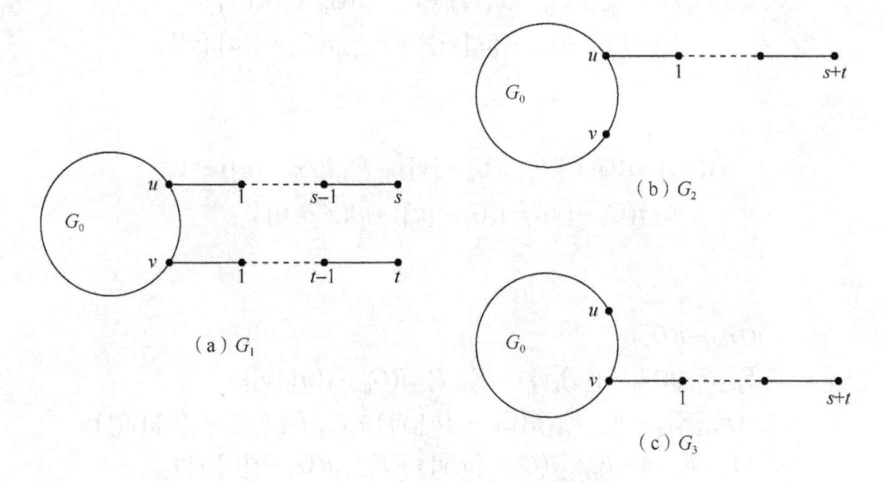

图 4.2.6　图 G_1、图 G_2 和图 G_3

证明　当 u,v 相邻时，有

$$i(G_1)=F_{s+2}F_{t+2}i(G_0-\{u,v\})+F_{s+2}F_{t+1}i(G_0-[x])+F_{s+1}F_{t+2}i(G_0-[u]).$$
$$i(G_2)=F_{s+t+2}i(G_0-\{u,v\})+F_{s+t+2}i(G_0-[v])+F_{s+t+1}i(G_0-[u])\,.$$
$$i(G_3)=F_{s+t+2}i(G_0-\{u,v\})+F_{s+t+2}i(G_0-[u])+F_{s+t+1}i(G_0-[v])\,.$$

我们不妨设

$$i(G_2)-i(G_3)=F_{s+t}i(G_0-[v])-F_{s+t}i(G_0-[u])\geqslant 0\,,$$
$$i(G_0-[v])=i(G_0-[u])+\varDelta(\varDelta\geqslant 0)\,,$$

所以

$$\begin{aligned}&i(G_1)-i(G_3)\\&=(F_{s+2}F_{t+2}-F_{s+t+2})i(G_0-\{u,v\})+F_{s+2}F_{t+1}+F_{s+1}F_{t+2}\\&\quad-F_{s+t+3})i(G_0-[u])+(F_{s+2}F_{t+1}-F_{s+t+1})\varDelta\end{aligned}$$

$$\begin{aligned}&\geqslant (F_{s+2}F_{t+2}-F_{s+t+2}+F_{s+2}F_{t+1}F_{s+1}F_{t+2}-F_{s+t+3})i(G_0-[u])\\&\quad+(F_{s+2}F_{t+1}-F_{s+t+1})\varDelta\\&=\frac{1}{5}(L_{s+t+1}-(-1)^sL_{t-s-1})\varDelta\geqslant 0.\end{aligned}$$

当$i(G_2)-i(G_3)\leqslant 0$时，同理可证，当u,v不相邻且被一条路相邻时，有

$$\begin{aligned}i(G_1)&=F_{s+2}F_{t+2}i(G_0-\{u,v\})+F_{s+2}F_{t+1}i(G_0-\{u,[v]\})\\&\quad+F_{s+1}F_{t+2}i(G_0-\{[u],v\})+F_{s+1}F_{t+1}i(G_0-\{[u],[v]\}).\\i(G_2)&=F_{s+t+2}i(G_0-\{u,v\})+F_{s+t+2}i(G_0-\{u,[v]\})\\&\quad+F_{s+t+1}i(G_0-\{[u],v\})+F_{s+t+1}i(G_0-\{[u],[v]\}).\\i(G_3)&=F_{s+t+2}i(G_0-\{u,v\})+F_{s+t+2}i(G_0-\{[u],v\})\\&\quad+F_{s+t+1}i(G_0-\{u,[v]\})+F_{s+t+1}i(G_0-\{[u],[v]\}).\end{aligned}$$

不妨设

$$\begin{aligned}i(G_2)-i(G_3)&=F_{s+t}i(G_0-[v])-F_{s+t}i(G_0-[u])\geqslant 0,\\i(G_0-[v])&=i(G_0-[u])+\varDelta(\varDelta\geqslant 0)\text{，}\end{aligned}$$

所以

$$\begin{aligned}&i(G_1)-i(G_3)\\&\geqslant F_{s+2}F_{t+2}i(G_0-\{[u],v\})+F_{s+2}F_{t+2}i(G_0-\{[u],[v]\})\\&\quad\times(F_{s+1}F_{t+2}+F_{s+2}F_{t+1})i(G_0-\{[u],v\})+F_{s+1}F_{t+1}i(G_0-\{[u],[v]\})\\&\quad+F_{s+2}F_{t+2}\varDelta-F_{s+t+2}i(G_0-\{u,v\})+F_{s+t+3}i(G_0-\{[u],v\})\\&\quad+F_{s+t+1}\varDelta+F_{s+t+1}i(G_0-\{[u],[v]\})\\&=(F_{s+2}F_{t+2}+F_{s+1}F_{t+2}+F_{s+2}F_{t+1}-F_{s+t+4})i(G_0-\{[u],v\})\\&\quad+(F_{s+1}F_{t+2}-F_{s+t+1})\varDelta+(F_{s+2}F_{t+2}-F_{s+1}F_{t+1}-F_{s+t+1})\\&\quad\times i(G_0-\{[u],[v]\})\\&=(F_{s+2}F_{t+1}-F_{s+t+1})\varDelta+F_sF_t[i(G_0-\{[u],v\})]-i(G_0-\{[u],v\})\\&\geqslant 0.\end{aligned}$$

当u,v不相邻且不是被一条路相邻时，有

$$\begin{aligned}&i(G_1)-i(G_3)\\&=F_sF_t(i(G_0-\{u,v\}))-i(G_0-\{[u],v\})-i(G_0-\{[u],[v]\})\\&\quad+(F_{s+2}F_{t+1}-F_{s+t+1})\varDelta.\end{aligned}$$

由引理 4.2.6 可知$i(G_1)-i(G_3)\geqslant 0$，所以结论成立.

定理 4.2.7 设图为$Q(C_k,v_1,C_{k-k_1+1},v_s,P_{n-k+1})$且让$v_s$取遍$C_{k-k_1+1}$的顶点，$k-k_1+1=4m+i,i\in\{1,2,3,4\}$且$m\geqslant 2$，则

$$
\begin{aligned}
& i(Q(C_{k_1},v_1,C_{k-k_1+1},v_1,P_{n-k+1})) > i(Q(C_{k_1},v_1,C_{k-k_1+1},v_3,P_{n-k+1})) \\
& > \cdots > i(Q(C_{k_1},v_1,C_{k-k_1+1},v_{2m+1},P_{n-k+1})) \\
& > i(Q(C_{k_1},v_1,C_{k-k_1+1},v_{2m+2\rho},P_{n-k+1})) \\
& > \cdots > i(Q(C_{k_1},v_1,C_{k-k_1+1},v_4,P_{n-k+1})) \\
& > i(Q(C_{k_1},v_1,C_{k-k_1+1},v_2,P_{n-k+1})).
\end{aligned}
$$

当 $i=1,2$ 时，$\rho=0$；当 $i=3,4$ 时，$\rho=1$.

证明　由引理 4.2.3，我们可得到

$$
\begin{aligned}
& i(Q(C_{k_1},v_1,C_{k-k_1+1},v_s,P_{n-k+1})) \\
& = F_{n-k+2}(F_{k_1+1}F_sF_{k-k_1-s+3} + F_{k_1-1}F_{s-1}F_{k-k_1-s+2}) \\
& \quad + F_{n-k+1}(F_{k_1+1}F_{s-1}F_{k-k_1-s+2} + F_{k_1-1}F_{s-2}F_{k-k_1-s+1}).
\end{aligned}
$$

由引理 4.2.1 可知，上式等于

$$
\begin{aligned}
& \frac{1}{5}\{F_{n-k+2}[F_{k_1+1}(L_{k-k_1+3} + (-1)^{s+1}L_{k-k_1-2s+3}) + F_{k_1-1}(L_{k-k_1+1} + (-1)^{s+1}L_{k-k_1-2s+3})] \\
& + F_{n-k+1}[F_{k_1+1}(L_{k-k_1+1} + (-1)^{s+1}L_{k-k_1-2s+3}) + F_{k_1-1}(L_{k-k_1-1} + (-1)^{s-1}L_{k-k_1-2s+3})]\} \\
= & \frac{1}{5}\{F_{n-k+1}[F_{k_1+1}(L_{k-k_1+3} + L_{k-k_1+1}) + F_{k_1-1}(L_{k-k_1+1} + L_{k-k_1-1})] \\
& + F_{n-k}[F_{k_1+1}(L_{k-k_1+3} + (-1)^{s+1}L_{k-k_1-2s+3}) + F_{k_1-1}(L_{k-k_1+1} + (-1)^{s}L_{k-k_1-2s+3})]\} \\
& = \frac{1}{5}\{F_{n-k+2}[F_{k_1+1}(L_{k-k_1+3} + F_{k_1-1}L_{k-k_1+1}) + F_{n-k+1}(F_{k_1+1}L_{k-k_1+1} \\
& \quad + F_{k_1-1}L_{k-k_1-1})] + (-1)^{s+1}L_{k-k_1-2s+3}F_{k_1}\}.
\end{aligned}
$$

由此可知结论成立.

定理 4.2.8　设图为 $Q(C_{k_1},v_1,C_{k-k_1+1},v_2,P_{n-k+1})$ 且 $k=4m+i, i\in\{1,2,3,4\}$，$m\geqslant 2$，则

$$
\begin{aligned}
& i(Q(C_4,v_1,C_{k+3},v_2,P_{n-k+1})) > i(Q(C_6,v_1,C_{k+5},v_2,P_{n-k+1})) \\
& > \cdots > i(Q(C_{2m+2\rho},v_1,C_{k-2m-2\rho+1},v_2,P_{n-k+1})) \\
& > i(Q(C_{2m+1},v_1,C_{k-2m},v_2,P_{n-k+1})). \\
& > \cdots > i(Q(C_5,v_1,C_{k-4},v_2,P_{n-k+1})) > i(Q(C_3,v_1,C_{k-2},v_2,P_{n-k+1})).
\end{aligned}
$$

当 $i=1,2$ 时，$\rho=0$；当 $i=3,4$ 时，$\rho=1$.

证明　由定理 4.2.7 的证明过程可以得到，当 $s=2$ 时，$i(Q(C_{k_1},v_1,C_{k-k_1+1},v_s,P_{n-k+1}))$ 有最小值且为

$$
\begin{aligned}
& i(Q(C_{k_1},v_1,C_{k-k_1+1},v_2,P_{n-k+1})) \\
& = F_{n-k+2}(F_{k_1+1}F_sF_{k-k_1+1} + F_{k_1-1}F_{k-k_1}) + F_{n-k+1}F_{k_1} + F_{k-k_1} \\
& = \frac{1}{5}\{F_{n-k+2}[(L_{k+2} + (-1)^{k_1}L_{k-2k_1}) + (L_{k-1} + (-1)^{k_1}L_{k-2k_1+1})] \\
& \quad + F_{n-k+1}(L_{k+1} + (-1)^{k_1}L_{k-2k_1+1})\}.
\end{aligned}
$$

由此可知结论成立.

定理 4.2.9　设正整数 $k=4m+i, i\in\{1,2,3,4\}$ 且 $m\geqslant 2$，对图 $Q(C_3,v_1,C_{k-2},v_2,P_{n-k+1})$，有

$$\begin{aligned}&i(Q(C_3,v_1,C_6,v_2,P_{n-5}))>i(Q(C_3,v_1,C_8,v_2,P_{n-7}))\\&>\cdots>i(Q(C_3,v_1,C_{2m+2\rho},v_2,P_{n-2m-2\rho+1}))\\&>i(Q(C_3,v_1,C_{2m+1},v_2,P_{n-2m}))\\&>\cdots>i(Q(C_3,v_1,C_5,v_2,P_{n-6}))>i(Q(C_3,v_1,C_3,v_2,P_{n-4})).\end{aligned}$$

当 $i=1,2$ 时，　$\rho=0$；当 $i=3,4$ 时，　$\rho=1$.

证明　由引理 4.2.3，可得到

$$\begin{aligned}&i(Q(C_3,v_1,C_{k-2},v_2,P_{n-k+1}))\\&=F_{n-k+4}F_{k-1}+F_{n-k+2}F_{k-3}\\&=\frac{1}{5}\{[L_{n+3}+(-1)^k L_{n-2k+5}]+[L_{n-1}+(-1)^k L_{n-2k+5}]\}\\&=\frac{1}{5}[(L_{n+3}+L_{n-1})+(-1)^k\times 2\times L_{n-2k+5}].\end{aligned}$$

由此可知结论成立.

推论　当双圈图的两个圈是点粘接时， Merrifield - Simmons 指标的最小值的图为 $Q(C_3,v_1,C_3,v_2,P_{n-4})$.

定义 4.2.4　图 $Q(C_k,v_1,P_l,u_1,C_m;n)$ 是由图 $Q(C_k,v_1,P_l,u_1,C_m)$ 的顶点 $v_1,v_2,\cdots,v_k,w_1,w_2,\cdots,w_{l-2},u_1,u_2,\cdots,u_m$ 分别点粘接 $T_{r_1+1},T_{r_2+1},\cdots,T_{r_k+1},T_{r_1'+1},T_{r_2'+1},\cdots,T_{r_{l-2}'+1},T_{r_1''+1},T_{r_2''+1},\cdots,T_{r_m''+1}$ 而得到的图，图 $Q_1(C_k,v_1,P_l,u_1,C_m;n)$ 是由图 $Q(C_k,v_1,P_l,u_1,C_m)$ 的顶点 $v_1,v_2,\cdots,v_k,w_1,w_2,\cdots,w_{l-2},u_1,u_2,\cdots,u_m$ 分别点粘接星图 $S_{r_1+1},S_{r_2+1},\cdots,S_{r_k+1},S_{r_1'+1},S_{r_2'+2},\cdots,S_{r_{l-2}'+1},S_{r_1''+1},S_{r_2''+1},\cdots,S_{r_m''+1}$ 而得到的图，如图 4.2.7 所示.

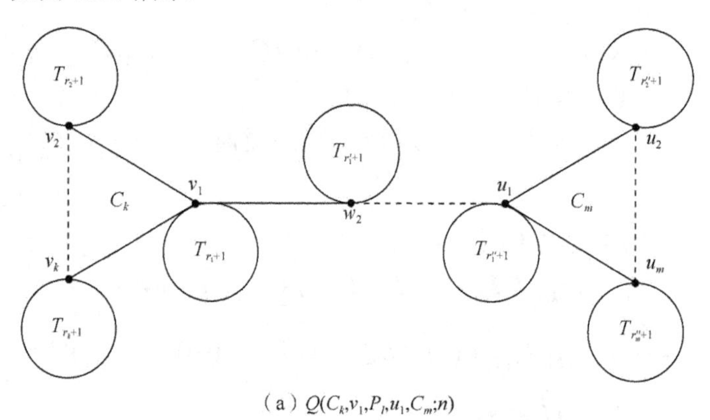

(a) $Q(C_k,v_1,P_l,u_1,C_m;n)$

图 4.2.7　图 $Q(C_k,v_1,P_l,u_1,C_m;n)$ 和图 $Q_1(C_k,v_1,P_l,u_1,C_m;n)$

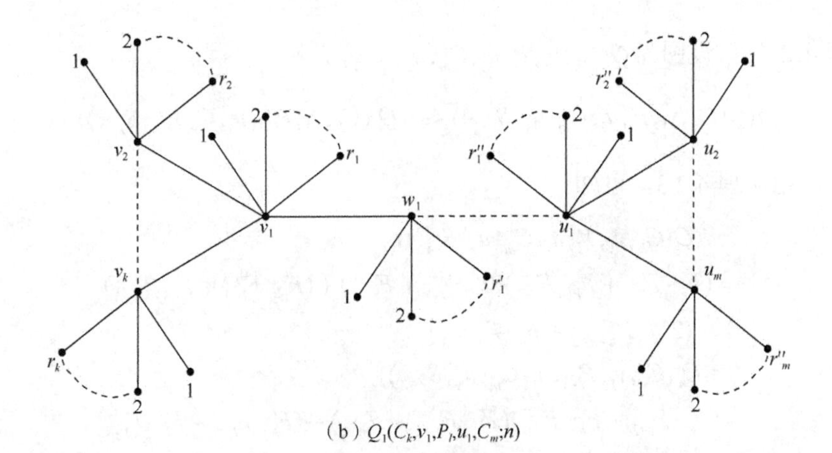

（b）$Q_1(C_k,v_1,P_l,u_1,C_m;n)$

图 4.2.7 （续）

引理 4.2.8　设图为 $Q(C_k,v_1,P_l,u_1,C_m;n)$ 和 $Q_1(C_k,v_1,P_l,u_1,C_m;n)$，则有

$$i(Q(C_k,v_1,P_l,u_1,C_m;n)) \leqslant i(Q_1(C_k,v_1,P_l,u_1,C_m;n)),$$

当且仅当 $Q(C_k,v_1,P_l,u_1,C_m;n) \cong Q_1(C_k,v_1,P_l,u_1,C_m;n)$ 时等号成立.

证明　由引理 3.1.1 和引理 3.1.2 易证得结论成立.

引理 4.2.9　设图族 Ψ 是按图 4.2.8 的方法得到的，则有：

（1） $i(Q_1(C_k,v_1,P_l,u_1,C_m;n)) \leqslant i(\Psi)$；

（2） $i(Q(C_k,v_1,P_l,u_1,C_m,v_1,S_{r+1})) \leqslant i(Q_1(C_k,v_1,P_l,u_1,C_m,w_1,S_{r+l-2}))$；

（3） $i(Q(C_k,v_1,P_l,u_1,C_m,u_1,S_{r+1})) \leqslant i(Q_1(C_k,v_1,P_l,u_1,C_m,w_1,S_{r+l-2}))$.

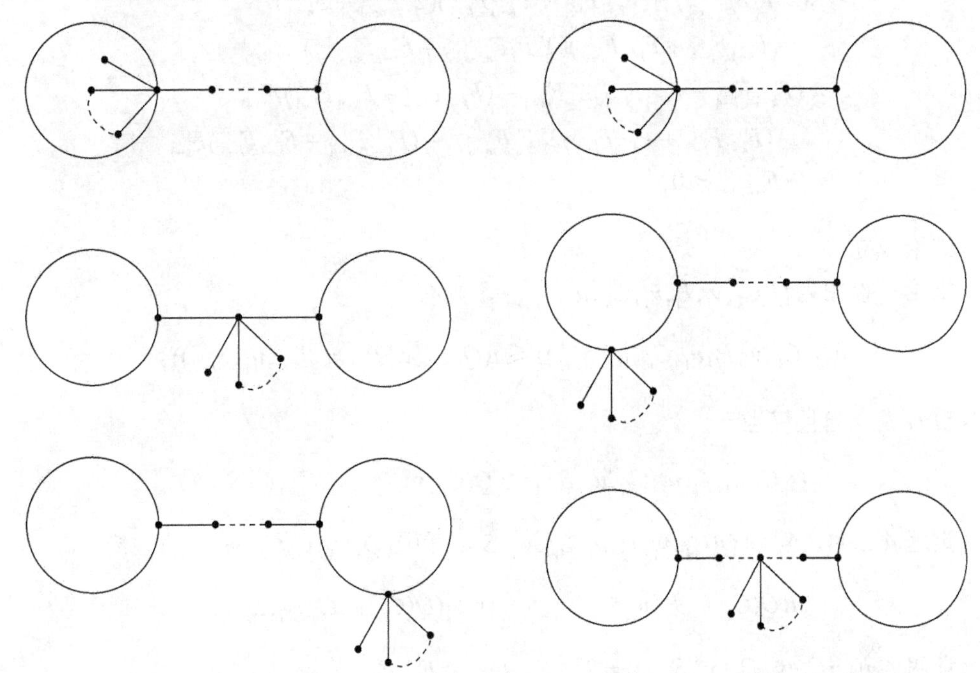

图 4.2.8　图族 Ψ

定理 4.2.10 设图为$Q(C_k,v_1,P_l,u_1,C_m,u_s,S_{r+1})$，则

$$i(Q(C_k,v_1,P_l,u_1,C_m,u_s,S_{r+1}))\leqslant i(Q_1(C_k,v_1,P_{l-1},u_1,C_m,u_s,S_{r+2})).$$

证明 由引理 4.2.3，可知

$$\begin{aligned}
&i(Q(C_k,v_1,P_l,u_1,C_m,u_s,S_{r+1}))\\
&=(F_{k+1}F_{l-1}+F_{k-1}F_{l-2})(2^rF_{m+1}+F_{m-1})+(F_{k+1}F_{l-2}+F_{k-1}F_{l-3})\\
&\quad\times(2^rF_sF_{m-s+2}+F_{s-1}F_{m-s+1}).\\
&i(Q_1(C_k,v_1,P_{l-1},u_1,C_m,u_s,S_{r+2}))\\
&=(F_{k+1}F_{l-2}+F_{k-1}F_{l-3})(2^{r+1}F_{m+1}+F_{m-1})+(F_{k+1}F_{l-3}+F_{k-1}F_{l-4})\\
&\quad\times(2^{r+1}F_sF_{m-s+2}+F_{s-1}F_{m-s+1}).\\
&i(Q_1(C_k,v_1,P_{l-1},u_1,C_m,u_s,S_{r+2}))-i(Q(C_k,v_1,P_l,u_1,C_m,u_s,S_{r+1}))\\
&=(F_{k+1}F_{l-2}+F_{k-1}F_{l-3})2^{r+1}F_{m+1}+(F_{k+1}F_{l-2}+F_{k-1}F_{l-3})\\
&\quad\times(2^{r+1}F_{m+1}+F_{m-1})+(F_{k+1}F_{l-3}+F_{k-1}F_{l-4})2^{r+1}F_sF_{m-s+2}\\
&\quad+(F_{k+1}F_{l-3}+F_{k-1}F_{l-4})(2^{r+1}F_sF_{m-s+2}+F_sF_{m-s})\\
&\quad-(F_{k+1}F_{l-2}+F_{k-1}F_{l-3})(2^rF_{m+1}+F_{m-1})+(F_{k+1}F_{l-3}+F_{k-1}F_{l-4})\\
&\quad\times(2^rF_{m+1}+F_{m-1})-(F_{k+1}F_{l-3}+F_{k-1}F_{l-4})(2^rF_sF_{m-s+2}\\
&\quad+F_{s-1}F_{m-s+1})-(F_{k+1}F_{l-4}+F_{k-1}F_{l-5})(2^rF_sF_{m-s+2}+F_{s-1}F_{m-s+1})\\
&=(F_{k+1}F_{l-2}+F_{k-1}F_{l-3})2^{r+1}F_{m+1}+(F_{k+1}F_{l-3}+F_{k-1}F_{l-4})\\
&\quad\times(2^rF_sF_{m-s+2})-(F_{k+1}F_{l-3}+F_{k-1}F_{l-4})(2^rF_{m+1}+F_{m-1})\\
&\quad-(F_{k+1}F_{l-4}+F_{k-1}F_{l-5})(2^rF_sF_{m-s+2}+F_{s-1}F_{m-s+1})\\
&=(F_{k+1}F_{l-4}+F_{k-1}F_{l-5})2^rF_{m+1}-(F_{k+1}F_{l-3}+F_{k-1}F_{l-4})F_{m-1}\\
&\quad+(F_{k-1}F_{l-5}+F_{k-1}F_{l-6})2^rF_sF_{m-s+2}-(F_{k+1}F_{l-4}+F_{k-1}F_{l-5})F_{s-1}\\
&\quad\times F_{m-s+1}\geqslant 0.
\end{aligned}$$

所以结论成立.

推论 设图为$Q(C_k,v_1,P_l,u_1,C_m,u_s,S_{r+1})$，则有

$$i(Q(C_k,v_1,P_l,u_1,C_m,u_s,S_{r+1}))\leqslant i(Q(C_k,v_1,P_{l-1},u_1,C_m,u_s,S_{r+l})),$$

并且等号成立当且仅当

$$Q(C_k,v_1,P_l,u_1,C_m,u_s,S_{r+1})\cong Q(C_k,v_1,P_{l-1},u_1,C_m,u_s,S_{r+l}).$$

定理 4.2.11 对图$Q(C_k,v_1,P_3,u_1,C_m,w_1,S_{r+1})$和图$Q(C_k,v_1,C_m,v_1,S_{r+3})$，有

$$i(Q(C_k,v_1,P_3,u_1,C_m,w_1,S_{r+1}))<i(Q(C_k,v_1,C_m,v_1,S_{r+3})).$$

证明 $i(Q(C_k,v_1,C_m,v_1,S_{r+3}))=2^{r+2}F_{k+1}F_{m+1}+F_{k-1}F_{m-1}$.

$$\begin{aligned}&i(Q(C_k,v_1,P_3,u_1,C_m,w_1,S_{r+1}))\\&=2^r F_{k+1}F_{m+1}+2^r F_{k+1}F_{m-1}+2^r F_{k-1}F_{m+1}\\&\quad+2^r F_{k-1}F_{m-1}+F_{k-1}F_{m-1}.\\&i(Q(C_k,v_1,C_m,v_1,S_{r+3}))-i(Q(C_k,v_1,P_3,u_1,C_m,w_1,S_{r+1}))\\&=2^r F_{k+1}F_m+2^r F_kF_{m+1}+(2^r-1)(F_kF_m+F_{k-1}F_m-F_kF_{m-1})>0.\end{aligned}$$

所以结论成立.

推论　设图为$Q(C_k,v_1,P_l,u_1,C_m,u_s,S_{r+1})$，则

$$i(Q(C_k,v_1,P_l,u_1,C_m,u_s,S_{r+1}))\geqslant i(Q(C_k,v_1,P_{n-k-m+2},u_1,C_m)),$$

并且等号成立当且仅当

$$(C_k,v_1,P_l,u_1,C_m,u_s,S_{r+1})\cong Q(C_k,v_1,P_{n-k-m+2},u_1,C_m).$$

引理 4.2.10　设图为$Q(C_k,v_1,P_{n-k+2},u_1,C_{k-k_1})$，则有

$$\begin{aligned}i(Q(C_k,v_1,P_{n-k+2},u_1,C_{k-k_1}))&=F_{k-k_1+1}F_{k_1+1}F_{n-k+2}+F_{k-k_1+1}F_{k_1-1}F_{n-k+1}\\&\quad+F_{k-k_1-1}F_{k_1+1}F_{n-k+1}+F_{k-k_1-1}F_{k_1-1}F_{n-k}.\end{aligned}$$

证明　由引理 3.1.1 和引理 3.1.2 易证引理结论成立.

引理 4.2.11　设图为$Q(C_k,v_1,P_{n-k+2},u_1,C_{k-k_1})$，则有

$$\begin{aligned}&i(Q(C_k,v_1,P_{n-k+2},u_1,C_{k-k_1}))\\&=\frac{1}{5}\{(F_{n-k+2}L_{k+2}+2F_{n-k+1}L_k+F_{n-k}L_{k+2})\\&\quad+[(-1)^{k_1}(F_{n-k+2}L_{k-2k_1}+F_{n-k+1}L_{k-2k_1+2}+F_{n-k+1}L_{k-2k_1-2}-F_{n-k}L_{k-2k_1})]\}.\end{aligned}$$

证明　由引理 4.1.1 和引理 4.2.10 易证引理结论成立.

引理 4.2.12　设$h>0$，则对图 4.2.9 的图G和图G_1，有$i(G)>i(G_1)$.

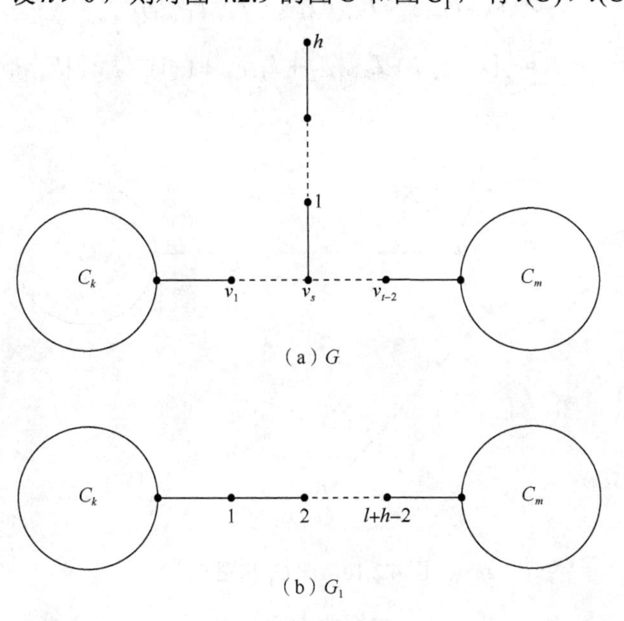

图 4.2.9　图G和图G_1

证明 由引理 3.1.2 和引理 4.1.1，得

$$i(G)=(F_{h+2}F_{s+1}F_{l-s}+F_{h+1}F_sF_{l-s-1})F_{k+1}F_{m+1}$$
$$+(F_{h+2}F_{s+1}F_{l-s-1}+F_{h+1}F_sF_{l-s-2})F_{k+1}F_{m-1}$$
$$+(F_{h+2}F_sF_{l-s}+F_{h+1}F_{s-1}F_{l-s-1})F_{k-1}F_{m+1}$$
$$+(F_{h+2}F_sF_{l-s-1}+F_{h+1}F_{s-1}F_{l-s-2})F_{k-1}F_{m-1}.$$

$$i(G_1)=F_{l+h}F_{k+1}F_{m+1}+F_{l+h-1}F_{k+1}F_{m-1}+F_{l+h-1}F_{k-1}F_{m+1}$$
$$+F_{l+h-2}F_{k-1}F_{m-1}.$$

$$i(G)-i(G_1)=(F_{h+2}F_{s+1}F_{l-s}+F_{h+1}F_sF_{l-s-1}-F_{l+h})F_{k+1}F_{m+1}$$
$$+(F_{h+2}F_{s+1}F_{l-s-1}+F_{h+1}F_sF_{l-s-2}-F_{l+h-1})F_{k+1}F_{m-1}$$
$$+(F_{h+2}F_sF_{l-s}+F_{h+1}F_{s-1}F_{l-s-1}-F_{l+h-1})F_{k-1}F_{m+1}$$
$$+(F_{h+2}F_sF_{l-s-1}+F_{h+1}F_{s-1}F_{l-s-2}-F_{l+h-2})F_{k-1}F_{m-1}$$
$$=F_hF_{s-1}F_{l-s-2}F_{k+1}F_{m+1}+F_hF_{s-1}F_{l-s-3}F_{k+1}F_{m-1}$$
$$+F_hF_{s-2}F_{l-s-2}F_{k-1}F_{m+1}+F_hF_{s-2}\times F_{l-s-3}F_{k-1}F_{m-1}>0.$$

引理 4.2.13 对图 4.2.10 的图 G_5 和图 G_6，有 $i(G_6)<i(G_5)$.

证明 由引理 3.1.2 和引理 4.1.1，得

$$i(G_5)=F_{h+2}F_{m+1}F_{l+k-1}+F_{h+2}F_{m-1}F_{l+k-2}+F_{h+1}F_{m+1}F_{k-1}F_l$$
$$+F_{h+1}F_{m-1}F_{l-1}F_{k-1}.$$

$$i(G_6)=F_{k+1}F_{m+1}F_{l+h}+F_{k+1}F_{m-1}F_{l+h-1}+F_{k-1}F_{m+1}F_{l+h-1}$$
$$+F_{k-1}F_{m-1}F_{l+h-2}.$$

$$i(G_5)-i(G_6)=(F_{h+2}F_{l+k-1}+F_{h+1}F_{k-1}F_l-F_{k+1}F_{l+h}-F_{k-1}F_{l+h-1})F_{m+1}$$
$$+(F_{h+2}F_{l+k-2}+F_{h+1}F_{l-1}F_{k-1}-F_{k+1}F_{l+h-1}-F_{k-1}F_{l+h-2})F_{m-1}$$
$$>(F_{h+2}F_{l+k-1}+F_{h+1}F_{l+k-2}-F_{k+1}F_{l+h+1})F_{m-1}$$
$$=\frac{1}{5}[L_{h+l+k+1}+L_{h+l+k-1}+L_{h+l+k}+(-1)^kL_{h+l-k}]F_{m-1}>0.$$

所以结论成立.

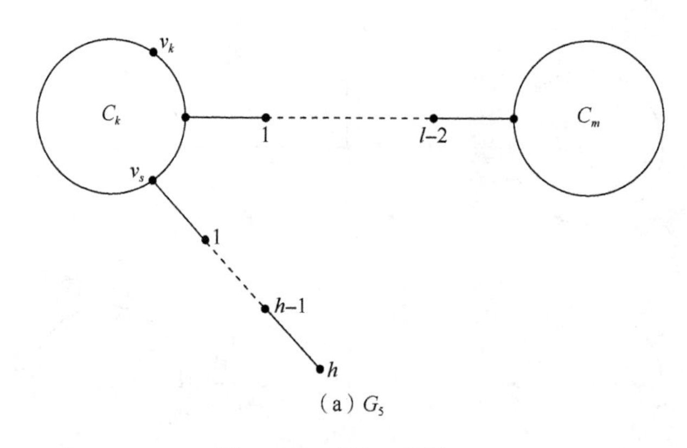

(a) G_5

图 4.2.10 图 G_5 和图 G_6

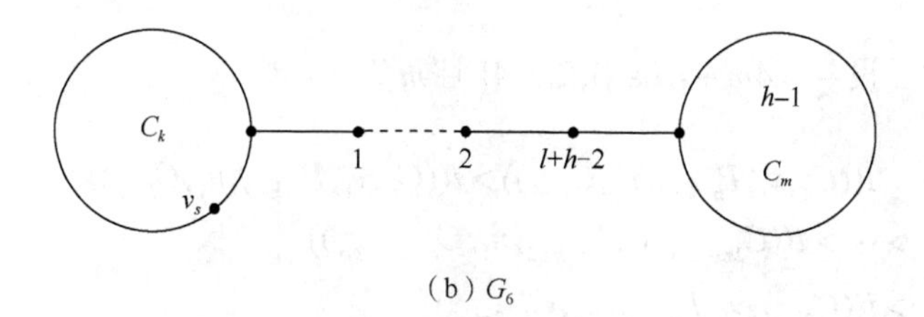

(b) G_6

图 4.2.10 （续）

引理 4.2.14　设 $k=4j+i, i\in\{1,2,3,4\}$ 且 $j\geqslant 2$，图为 $Q(C_k,v_1,P_{l+2},u_1,C_m,v_s,P_h)$（图 4.2.11），则

$$
\begin{aligned}
& i(Q(C_k,v_1,P_{l+2},u_1,C_m,v_1,P_h)) > i(Q(C_k,v_1,P_l,u_1,C_m,v_3,P_h)) \\
& > \cdots > i(Q(C_k,v_1,P_l,u_1,C_m,v_{2j+1},P_h)) \\
& > i(Q(C_k,v_1,P_l,u_1,C_m,v_{2j+2\rho},P_h)) \\
& > \cdots > i(Q(C_k,v_1,P_l,u_1,C_m,v_4,P_h)) > i(Q(C_k,v_1,P_l,u_1,C_m,v_2,P_h)).
\end{aligned}
$$

证明　由引理 3.1.2 和引理 4.1.1，得

$$
\begin{aligned}
& i(Q(C_k,v_1,P_l,u_1,C_m,v_s,P_h)) \\
& = F_{h+2}F_{m+1}F_lF_{k-s+1}F_s + F_{h+2}F_{m+1}F_{l-1}F_{k-s}F_{s-1} \\
& \quad + F_{h+2}F_{m-1}F_{l-1}F_{k-s+1}F_s \\
& \quad + F_{h+2}F_{m-1}F_{l-2}F_{k-s}F_{s-1} + F_{h+1}F_{m+1}F_lF_{k-s}F_{s-1} \\
& \quad + F_{h+1}F_{m+1}F_{l-1}F_{k-s-1}F_{s-2} \\
& \quad + F_{h+1}F_{m-1}F_{l-1}F_{k-s}F_{s-1} + F_{h+1}F_{m-1}F_{l-2}F_{k-s-1}F_{s-2} \\
& = a + (-1)^{s+1}\times b\times L_{k-2s+1}.
\end{aligned}
$$

其中，a,b 为正常数.

由上式可知结论成立.

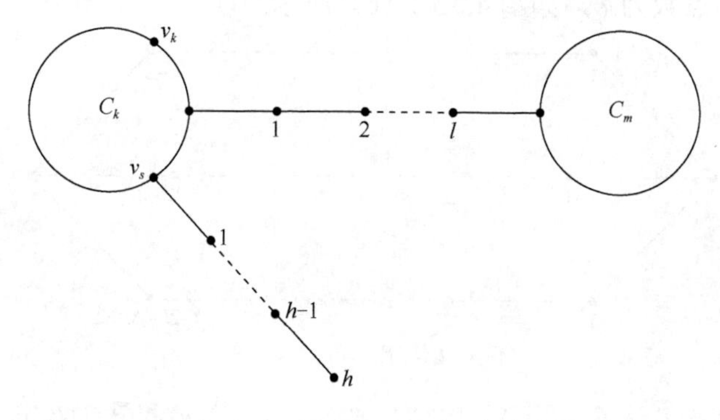

图 4.2.11　图 $Q(C_k,v_1,P_{l+2},u_1,C_m,v_s,P_h)$

定理 4.2.12 设 $\frac{k}{2}=4m+i, i\in\{1,2,3,4\}$ 且 $m\geqslant 2$，则

$$
\begin{aligned}
&i((C_4,v_1,P_{n-k+2},u_1,C_{k-4}))>i((C_6,v_1,P_{n-k+2},u_1,C_{k-6}))\\
&>\cdots>i((C_{2m+2\rho},v_1,P_{n-k+2},u_1,C_{k-2m+2\rho}))\\
&>i((C_{2m+1},v_1,P_{n-k+2},u_1,C_{k-2m-1}))\\
&>\cdots>i((C_5,v_1,P_{n-k+2},u_1,C_{k-5}))>i((C_3,v_1,P_{n-k+2},u_1,C_{k-3})).
\end{aligned}
$$

当 $i=1,2$ 时，$\rho=0$；当 $i=3,4$ 时，$\rho=1$.

证明 由引理 4.2.11 知结论显然成立.

推论 图 $(C_3,v_1,P_{n-4},u_1,C_3)$ 是双圈被路连接的所有双圈图中 Merrifield - Simmons 指标最小的图.

证明 由引理 4.2.10，可得到

$$
\begin{aligned}
&i((C_3,v_1,P_{n-k+2},u_1,C_{k-3}))\\
&=3F_{k-2}F_{n-k+2}+F_{k-2}F_{n-k+1}+3F_{k-4}F_{n-k+1}+F_{k-4}F_{n-k}\\
&=\frac{1}{5}\{3[L_{n+2}+(-1)^{k-1}L_{n-2k+4}]+[L_{n-1}+(-1)^{k-1}L_{n-2k+3}]\\
&\quad+3[L_{n-3}+(-1)^{k-1}L_{n-2k+5}]+[L_{n-4}+(-1)^{k-1}L_{n-2k+4}]\}.
\end{aligned}
$$

由上式可知结论成立.

定义 4.2.5 设图 $Q(P_{l_1},P_{l_1+\Delta x},P_{k-2l_1-\Delta x+4})$ 的圈的顶点数为 k，且该图是由圈 $C_{2l_1+\Delta x-2}$ 和圈 $C_{k-l_1-\Delta x+2}$ 的 P_{l_1} 路粘接而得到的图，如图 4.2.12（a）所示；用 $Q(P_{l_1},P_{l_1+\Delta x},P_{k-2l_1-\Delta x+4};n)$ 表示 $Q(P_{l_1},P_{l_1+\Delta x},P_{k-2l_1-\Delta x+4})$ 的顶点点粘接一些树而得到的图，如图 4.2.12（b）所示.

用 $Q_1(P_{l_1},P_{l_1+\Delta x},P_{k-2l_1-\Delta x+4};n)$ 表示 $Q(P_{l_1},P_{l_1+\Delta x},P_{k-2l_1-\Delta x+4})$ 的顶点点粘接一些星图而得到的图，其中要求任意的 $Q(P_{l_1},P_{l_1+\Delta x},P_{k-2l_1-\Delta x+4})$ 的顶点点粘接的树和星的顶点数相同，且顶点数为 n，圈的顶点数为 k，如图 4.2.12（c）所示.

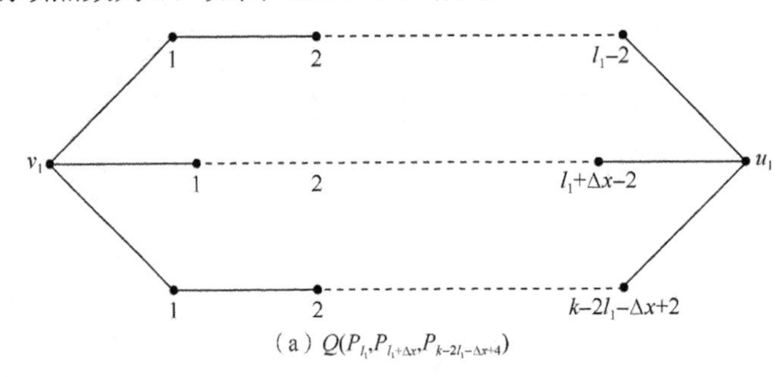

（a）$Q(P_{l_1},P_{l_1+\Delta x},P_{k-2l_1-\Delta x+4})$

图 4.2.12 图 $Q(P_{l_1},P_{l_1+\Delta x},P_{k-2l_1-\Delta x+4})$、图 $Q(P_{l_1},P_{l_1+\Delta x},P_{k-2l_1-\Delta x+4};n)$ 和图 $Q_1(P_{l_1},P_{l_1+\Delta x},P_{k-2l_1-\Delta x+4};n)$

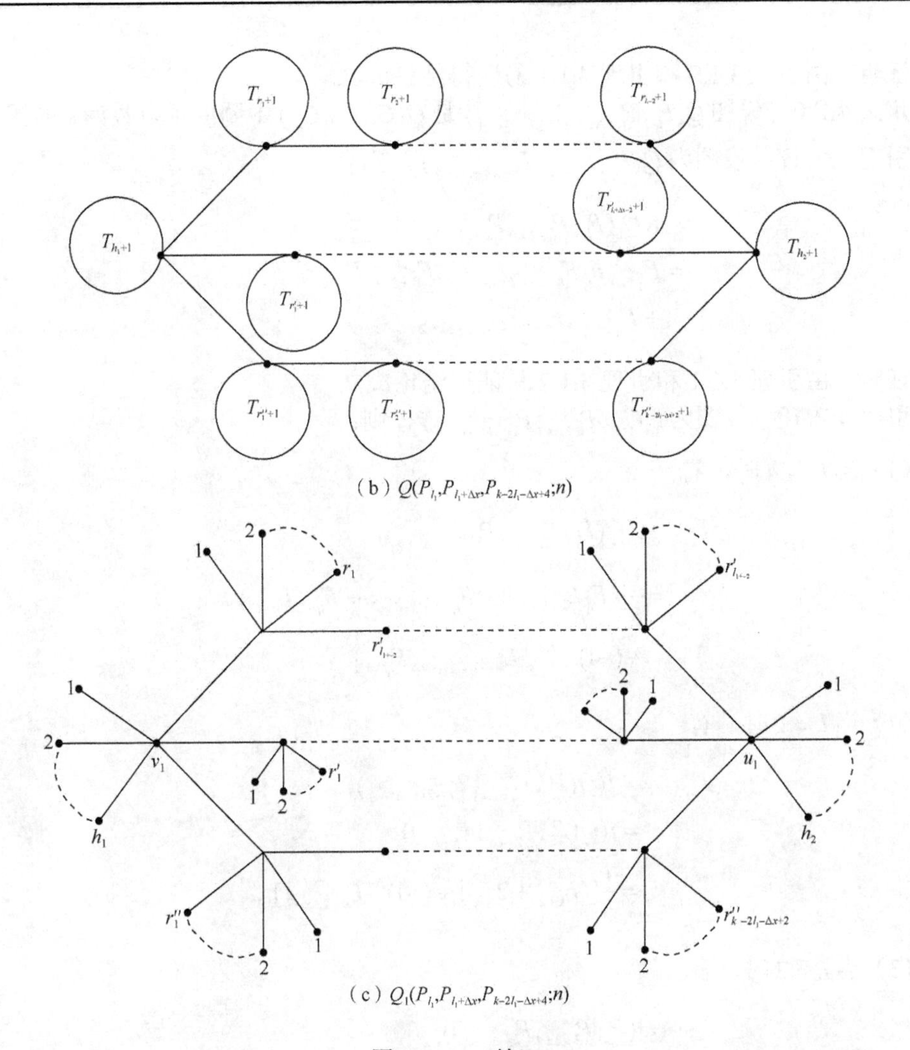

（b）$Q(P_{l_1},P_{l_1+\Delta x},P_{k-2l_1-\Delta x+4};n)$

（c）$Q_1(P_{l_1},P_{l_1+\Delta x},P_{k-2l_1-\Delta x+4};n)$

图 4.2.12 （续）

引理 4.2.15　对图 $Q(P_{l_1},P_{l_1+\Delta x},P_{k-2l_1-\Delta x+4};n)$，图 $Q_1(P_{l_1},P_{l_1+\Delta x},P_{k-2l_1-\Delta x+4};n)$，有

$$i(Q(P_{l_1},P_{l_1+\Delta x},P_{k-2l_1-\Delta x+4};n))\leqslant i(Q_1(P_{l_1},P_{l_1+\Delta x},P_{k-2l_1-\Delta x+4};n)),$$

并且等号成立当且仅当

$$Q(P_{l_1},P_{l_1+\Delta x},P_{k-2l_1-\Delta x+4};n)\cong Q_1(P_{l_1},P_{l_1+\Delta x},P_{k-2l_1-\Delta x+4};n).$$

证明　由引理 3.1.1 和引理 3.1.2 易证引理结论成立.

引理 4.2.16　设图 T_8' 为 $Q(P_{l_1},P_{l_1+\Delta x},P_{k-2l_1-\Delta x+4};n)$，而 T_8^* 是由 T_8' 在点 v_s 处的子图 S_{r_s+1} 点粘接到 $v_t(t\neq s)$ 上得到的，则有

$$i(Q_1(P_{l_1},P_{l_1+\Delta x},P_{k-2l_1-\Delta x+4};n))\leqslant i(T_8^*),$$

并且等号成立当且仅当

$$Q_1(P_{l_1},P_{l_1+\Delta x},P_{k-2l_1-\Delta x+4};n)\cong T_8^*.$$

证明 由引理 3.1.2 和引理 4.1.1 易证得结论成立.

定义 4.2.6 设图$Q(P_{l_1},P_{l_1+\Delta x},P_{k-2l_1-\Delta x+4})$是$Q(C_k,P_{l_1},C_m)$中圈的顶点数为$k$的图.

引理 4.2.17 设图为$Q(P_{l_1},P_{l_1+\Delta x},P_{k-2l_1-\Delta x+4})$，则有

$$
\begin{aligned}
&i(Q_1(P_{l_1},P_{l_1+\Delta x},P_{k-2l_1-\Delta x+4})\\
&=F_{l_1+\Delta x}F_{l_1}F_{k-2l_1-\Delta x+4}+2F_{l_1+\Delta x-1}F_{l_1-1}F_{k-2l_1-\Delta x+3}\\
&\quad+F_{l_1+\Delta x-2}F_{l_1-2}F_{k-2l_1-\Delta x+2}.
\end{aligned}
$$

证明 由引理 3.1.1 和引理 3.1.2 易证得结论成立.

引理 4.2.18 设图为$Q(P_{l_1},P_{l_1+\Delta x},P_{k-2l_1-\Delta x+4})$，则：

（1）当$l_1\geqslant 4$时，有

$$
\begin{aligned}
&i(Q(P_{l_1},P_{l_1+\Delta x},P_{k-2l_1-\Delta x+4}))\\
&=\frac{1}{5}[(F_{l_1}L_{k-l_1+4}+2F_{l_1-1}L_{k-l_1+2}+F_{l_1-2}L_{k-l_1})\\
&\quad+(-1)^{l_1+\Delta x+1}L_{k-3l_1-2\Delta x+4}F_{l_1-4}].
\end{aligned}
$$

（2）当$l_1=2$时，有

$$
\begin{aligned}
&i(Q(P_{l_1},P_{l_1+\Delta x},P_{k-2l_1-\Delta x+4}))\\
&=i(Q(P_2,P_{2+\Delta x},P_{k-\Delta x}))\\
&=\frac{1}{5}[(L_{k+2}+2L_k)+(-1)^{\Delta x}L_{k-2\Delta x-2}].
\end{aligned}
$$

（3）当$l_1=3$时，有

$$
\begin{aligned}
&i(Q(P_3,P_{3+\Delta x},P_{k-\Delta x-2}))\\
&=\frac{1}{5}[(2L_{k+1}+2L_{k-1}+L_{k-3})+(-1)^{\Delta x+4}L_{k-2\Delta x-5}].
\end{aligned}
$$

证明 由引理 3.1.2 和引理 4.1.1 易证引理结论成立.

定理 4.2.13 设图$Q(P_{l_1},P_{l_1+\Delta x},P_{k-2l_1-\Delta x+4})$的顶点为$k$，且$k-3l_1+4=4m+i,i\in\{1,2,3,4\}$，则：

（1）当$l_1\geqslant 4$且为偶数时，有

$$
\begin{aligned}
&i(Q(P_{l_1},P_{l_1+1},P_{k-2l_1+3}))>i(Q(P_{l_1},P_{l_1+3},P_{k-2l_1+1}))\\
&>\cdots>i(Q(P_{l_1},P_{l_1+2m+1},P_{k-2l_1-2m+2}))\\
&>i(Q(P_{l_1},P_{l_1+2m+3\rho},P_{k-2l_1-2m-2\rho+4}))\\
&>i(Q(P_{l_1},P_{l_1+2},P_{k-2l_1+2}))>i(Q(P_{l_1},P_{l_1+3},P_{k-2l_1+4})).
\end{aligned}
$$

（2）当 $l_1 \geqslant 4$ 且为奇数时，有

$$\begin{aligned}&i(Q(P_{l_1},P_{l_1},P_{k-2l_1+4}))>i(Q(P_{l_1},P_{l_1+2},P_{k-2l_1+1}))\\&>\cdots>i(Q(P_{l_1},P_{l_1+2m+2\rho},P_{k-2l_1-2m-2\rho+4}))\\&>i(Q(P_{l_1},P_{l_1+2m+1},P_{k-2l_1-2m+3}))\\&>i(Q(P_{l_1},P_{l_1+1},P_{k-2l_1+3})).\end{aligned}$$

（3）当 $l_1=2$ 时，有

$$\begin{aligned}&i(Q(P_2,P_4,P_{k-2}))>i(Q(P_{l_2},P_6,P_{k-4}))\\&>\cdots>i(Q(P_2,P_{2m+2\rho+2},P_{k-2m-2\rho}))>i(Q(P_2,P_{2m+3},P_{k-2m-1}))\\&>\cdots>i(Q(P_2,P_5,P_{k-3}))>i(Q(P_2,P_3,P_{k-1})).\end{aligned}$$

（4）当 $l_1=3$ 时，有

$$\begin{aligned}&i(Q(P_3,P_3,P_{k-2}))>i(Q(P_2,P_5,P_{k-3}))\\&>\cdots>i(Q(P_3,P_{2m+2\rho+3},P_{k-2m-2\rho-2}))>i(Q(P_2,P_{2m+4},P_{k-2m-2}))\\&>\cdots>i(Q(P_3,P_6,P_{k-5}))>i(Q(P_3,P_4,P_{k-3})).\end{aligned}$$

当 $i=1,2$ 时，$\rho=0$；当 $i=3,4$ 时，$\rho=1$．

证明　由引理 4.2.18 知定理显然成立.

定义 4.2.7　图 $Q_1(Q(P_{l_1},P_{l_1+\Delta x},P_{k-2l_1-\Delta x+4}),v_1,S_{n-k+1})$ 是由 $Q(P_{l_1},P_{l_1+\Delta x},P_{k-2l_1-\Delta x+4})$ 在 3 度点上点粘接 S_{n-k+1} 而得到的图，其中 n 为总的顶点数，k 为圈的顶点数.

引理 4.2.19　设图为 $Q_1(Q(P_{l_1},P_{l_1+\Delta x},P_{k-2l_1-\Delta x+4}),v_1,S_{n-k+1})$，则

$$\begin{aligned}&i(Q_1(Q(P_{l_1},P_{l_1+\Delta x},P_{k-2l_1-\Delta x+4}),v_1,S_{n-k+1}))\\&=2^{n-k}F_{l_1+\Delta x}F_{l_1}F_{k-2l_1-\Delta x+4}+(2^{n-k}+1)F_{l_1+\Delta x-1}F_{l_1-1}F_{k-2l_1-\Delta x+3}\\&\quad+F_{l_1+\Delta x-2}F_{l_1-2}F_{k-2l_1-\Delta x+2}.\end{aligned}$$

引理 4.2.20　设图为 $Q_1(Q(P_{l_1},P_{l_1+\Delta x},P_{k-2l_1-\Delta x+4}),v_1,S_{n-k+1})$，则:

（1）当 $l_1 \geqslant 4$ 时，有

$$\begin{aligned}&i(Q_1(Q(P_{l_1},P_{l_1+\Delta x},P_{k-2l_1-\Delta x+4}),v_1,S_{n-k+1}))\\&=\frac{1}{5}\{[2^{n-k}F_{l_1}L_{k-l_1+4}+(2^{n-k}+1)F_{l_1-1}L_{k-l_1+2}+F_{l_1-2}L_{k-l_1}]\\&\quad+(-1)^{l_1+\Delta x+1}(2^{n-k}+1)L_{k-3l_1+2\Delta x+4}F_{l_1-4}\}.\end{aligned}$$

（2）当 $l_1=2$ 时，有

$$\begin{aligned}&i(Q_1(Q(P_2,P_{2+\Delta x},P_{k-\Delta x}),v_1,S_{n-k+1}))\\&=\frac{1}{5}\{[2^{n-k}L_{k+2}+(2^{n-k}+1)L_k]+(-1)^{\Delta x}(2^{n-k}+1)L_{k-2\Delta x-6}\}.\end{aligned}$$

（3）当$l_1=3$时，有

$$\begin{aligned}&i(Q_1(Q(P_3,P_{3+\Delta x},P_{k-2\Delta x-2}),v_1,S_{n-k+1}))\\&=\frac{1}{5}\{[2^{n-k+1}L_{k+1}+(2^{n-k+1}+2)L_{k-1}+L_{k-3}]+(-1)^{\Delta x}(2^{n-k}+1)\times L_{k-2\Delta x-5}\}.\end{aligned}$$

证明 由引理 4.2.19 和引理 4.1.1 易证引理结论成立.

定理 4.2.14 设图为$Q_1(Q(P_{l_1},P_{l_1+\Delta x},P_{k-2l_1-\Delta x+4}),v_1,S_{n-k+1})$（图 4.2.13），且$0\leqslant\Delta x\leqslant\frac{k-3l_1+4}{2}$，存在正整数$m$，使得$k-3l_1+4=4m+i,i\in\{1,2,3,4\}$，则：

（1）当$l_1\geqslant 4$且为偶数时，有下列不等式成立：

$$\begin{aligned}&i(Q_1(Q(P_{l_1},P_{l_1+\Delta x},P_{k-2l_1+3}),v_1,S_{n-k+1}))\\&>i(Q_1(Q(P_{l_1},P_{l_1+3},P_{k-2l_1+1}),v_1,S_{n-k+1}))\\&>\cdots>i(Q_1(Q(P_{l_1},P_{l_1+2m+1},P_{k-2l_1-2m+3}),v_1,S_{n-k+1}))\\&>i(Q_1(Q(P_{l_1},P_{l_1+2m+2\rho},P_{k-2l_1-2m-2\rho+4}),v_1,S_{n-k+1}))\\&>\cdots>i(Q_1(Q(P_{l_1},P_{l_1+2},P_{k-2l_1+2}),v_1,S_{n-k+1}))\\&>i(Q_1(Q(P_{l_1},P_{l_1},P_{k-2l_1+4}),v_1,S_{n-k+1})).\end{aligned}$$

（2）当$l_1\geqslant 4$且为奇数时，有下列不等式成立：

$$\begin{aligned}&i(Q_1(Q(P_{l_1},P_{l_1},P_{k-2l_1+4}),v_1,S_{n-k+1}))\\&>i(Q_1(Q(P_{l_1},P_{l_1+2},P_{k-2l_1+2}),v_1,S_{n-k+1}))\\&>\cdots>i(Q_1(Q(P_{l_1},P_{l_1+2m+2\rho},P_{k-2l_1-2m-2\rho+4}),v_1,S_{n-k+1}))\\&>i(Q_1(Q(P_{l_1},P_{l_1+2m+1},P_{k-2l_1-2m+3}),v_1,S_{n-k+1}))\\&>\cdots>i(Q_1(Q(P_{l_1},P_{l_1+3},P_{k-2l_1+1}),v_1,S_{n-k+1}))\\&>i(Q_1(Q(P_{l_1},P_{l_1+1},P_{k-2l_1+3}),v_1,S_{n-k+1})).\end{aligned}$$

（3）当$l_1=2$时，有

$$\begin{aligned}&i(Q_1(Q(P_2,P_4,P_{k-2}),v_1,S_{n-k+1}))\\&>i(Q_1(Q(P_2,P_6,P_{k-4}),v_1,S_{n-k+1}))\\&>\cdots>i(Q_1(Q(P_2,P_{2m+2\rho+2},P_{k-2m-2\rho}),v_1,S_{n-k+1}))\\&>i(Q_1(Q(P_2,P_{2m+3},P_{k-2m-1}),v_1,S_{n-k+1}))\\&>\cdots>i(Q_1(Q(P_2,P_5,P_{k-3}),v_1,S_{n-k+1}))\\&>i(Q_1(Q(P_2,P_3,P_{k-1}),v_1,S_{n-k+1})).\end{aligned}$$

（4）当$l_1=3$时，有

$$\begin{aligned}&i(Q_1(Q(P_3,P_3,P_{k-2}),v_1,S_{n-k+1}))\\&>i(Q_1(Q(P_3,P_5,P_{k-4}),v_1,S_{n-k+1}))\\&>\cdots>i(Q_1(Q(P_3,P_{2m+4},P_{k-2m-3}),v_1,S_{n-k+1}))\end{aligned}$$

$$
\begin{aligned}
&> i(Q_1(Q(P_3, P_{2m+2\rho+3}, P_{k-2m-2\rho-2}), v_1, S_{n-k+1})) \\
&> \cdots > i(Q_1(Q(P_3, P_6, P_{k-5}), v_1, S_{n-k+1})) \\
&> i(Q_1(Q(P_3, P_4, P_{k-3}), v_1, S_{n-k+1})).
\end{aligned}
$$

当 $i=1,2$ 时，$\rho=0$；当 $i=3,4$ 时，$\rho=1$.

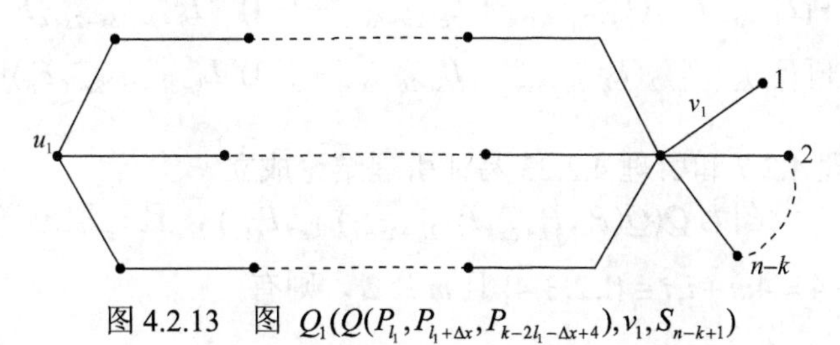

图 4.2.13　图 $Q_1(Q(P_{l_1}, P_{l_1+\Delta x}, P_{k-2l_1-\Delta x+4}), v_1, S_{n-k+1})$

证明　由引理 4.2.20 易证得结论成立.

引理 4.2.21　用图 $Q(Q_1, v_1, T_{r+1})$ 表示图 Q_1 与树 T_{r+1} 在顶点 v_1 处点粘接而得到的图，且 Q_1 为任意的连通图，则

$$
i(Q(Q_1, v_1, P_{r+1})) \leqslant i(Q(Q_1, v_1, T_{r+1})),
$$

当且仅当 $T_{r+1} \cong P_{r+1}$ 等号成立.

证明　由引理 4.2.5 易证得结论成立.

定义 4.2.8　用图 $Q_2(P_{l_1}, P_{l_1+\Delta x}, P_{k-2l_1-\Delta x+4}; n)$ 表示有 n 个顶点且圈的顶点数为 k 的图，该图是由 $Q(P_{l_1}, P_{l_1+\Delta x}, P_{k-2l_1-\Delta x+4})$ 的顶点 $v_1, v_2, \cdots, v_{l_1}, u_1, u_2, \cdots, u_{l_1+\Delta x-2}, w_1, w_2, \cdots, w_{k-2l_1-\Delta x+2}$ 分别点粘接 $P_{r_1+1}, P_{r_2+1}, \cdots, P_{r_{l_1}+1}, P_{r'_1+1}, P_{r'_2+1}, \cdots, P_{r'_{l_1+\Delta x-2}+1}, P_{r''_1+1}, P_{r''_2+1}, \cdots, P_{r''_{k-2l_1-\Delta x+2}+1}$ 而得到的.

引理 4.2.22　设图为 $Q_2(P_{l_1}, P_{l_1+\Delta x}, P_{k-2l_1-\Delta x+4}; n)$，图 T_9^* 是由 $Q_2(P_{l_1}, P_{l_1+\Delta x}, P_{k-2l_1-\Delta x+4}; n)$ 将在顶点 v_s 处的子图 P_{r_s} 点粘接到 v_t 的子图 P_{r_t+1} 的 1 度点上而得到的图，其中 $s \neq t, v_s, v_t \in V$，则

$$
i(Q_2(P_{l_1}, P_{l_1+\Delta x}, P_{k-2l_1-\Delta x+4}; n)) \geqslant i(T_9^*),
$$

当且仅当 $Q_2(P_{l_1}, P_{l_1+\Delta x},\ P_{k-2l_1-\Delta x+4}; n) \cong T_9^*$ 等号成立.

证明　由引理 4.2.6 易证得结论成立.

引理 4.2.23　设图为 $Q(Q(P_{l_1}, P_{l_1+\Delta x}, P_{k-2l_1-\Delta x+4}), v_s, P_{r+1})$，则有

$$
\begin{aligned}
& i(Q(Q(P_{l_1}, P_{l_1+\Delta x}, P_{k-2l_1-\Delta x+4}), v_s, P_{r+1})) \\
&= F_{l_1+\Delta x} F_{l_1} (F_s F_{k-2l_1-\Delta x-s+5} F_{r+2} + F_{s-1} F_{k-2l_1-\Delta x-s+4} F_{r+1}) \\
&\quad + F_{l_1+\Delta x-1} F_{l_1-1} (F_{s-1} F_{k-2l_1-\Delta x-s+5} F_{r+2} + F_{s-2} F_{k-2l_1-\Delta x-s+4} F_{r+1}) \\
&\quad + F_{l_1+\Delta x-1} F_{l_1-1} (F_s F_{k-2l_1-\Delta x-s+4} F_{r+2} + F_{s-1} F_{k-2l_1-\Delta x-s+3} F_{r+1}) \\
&\quad + F_{l_1+\Delta x-2} F_{l_1-2} (F_{s-1} F_{k-2l_1-\Delta x-s+4} F_{r+2} + F_{s-2} F_{k-2l_1-\Delta x-s+3} F_{r+1}).
\end{aligned}
$$

证明　由引理 3.1.1 和引理 3.1.2 易证得结论成立.

引理 4.2.24　设图为 $Q(Q(P_{l_1}, P_{l_1+\Delta x}, P_{k-2l_1-\Delta x+4}), v_s, P_{r+1})$，则有

$$\begin{aligned}
&i(Q(Q(P_{l_1},P_{l_1+\Delta x},P_{k-2l_1-\Delta x+4}),v_s,P_{r+1}))\\
&=\frac{1}{5}\{[F_{l_1+\Delta x}F_{l_1}(L_{k-2l_1-\Delta x+5}+L_{k-2l_1-\Delta x+3}+(-1)^{s+1}L_{k-2l_1-\Delta x-2s+5}F_r)]\\
&+[F_{l_1+\Delta x-1}F_{l_1-1}(L_{k-2l_1-\Delta x+4}+L_{k-2l_1-\Delta x+2}+(-1)^{s}L_{k-2l_1-\Delta x-2s+6}F_r)]\\
&+[F_{l_1+\Delta x-1}F_{l_1-1}(L_{k-2l_1-\Delta x+4}+L_{k-2l_1-\Delta x+2}+(-1)^{s+1}L_{k-2l_1-\Delta x-2s+4}F_r)]\\
&+[F_{l_1+\Delta x-2}F_{l_1-2}(L_{k-2l_1-\Delta x+3}+L_{k-2l_1-\Delta x+1}+(-1)^{s}L_{k-2l_1-\Delta x-2s+5}F_r)]\}.
\end{aligned}$$

证明 由引理 4.2.7 和引理 4.2.23 易证引理结论成立.

定理 4.2.15 设图为 $Q(Q(P_{l_1},P_{l_1+\Delta x},P_{k-2l_1-\Delta x+4}),v_s,P_{r+1})$，且 v_s 取遍子图 $P_{k-2l_1-\Delta x+4}$ 的顶点，$k-2l_1-\Delta x+4=4m+i,i\in\{1,2,3,4\}$ 且 $m\geqslant 2$，则有

$$\begin{aligned}
&i(Q(Q(P_{l_1},P_{l_1+\Delta x},P_{k-2l_1-\Delta x+4}),v_s,P_{r+1}))\\
&>i(Q(Q(P_{l_1},P_{l_1+\Delta x},P_{k-2l_1-\Delta x+4}),v_3,P_{r+1}))\\
&>\cdots>i(Q(Q(P_{l_1},P_{l_1+\Delta x},P_{k-2l_1-\Delta x+4}),v_{2m+1},P_{r+1}))\\
&>i(Q(Q(P_{l_1},P_{l_1+\Delta x},P_{k-2l_1-\Delta x+4}),v_{2m+2\rho},P_{r+1}))\\
&>\cdots>i(Q(Q(P_{l_1},P_{l_1+\Delta x},P_{k-2l_1-\Delta x+4}),v_4,P_{r+1}))\\
&>i(Q(Q(P_{l_1},P_{l_1+\Delta x},P_{k-2l_1-\Delta x+4}),v_2,P_{r+1})).
\end{aligned}$$

证明 由引理 4.2.24，可知

$$\begin{aligned}
&i(Q(Q(P_{l_1},P_{l_1+\Delta x},P_{k-2l_1-\Delta x+4}),v_s,P_{r+1}))\\
&=\frac{1}{5}\{[F_{l_1+\Delta x}F_{l_1}(L_{k-2l_1-\Delta x+5}+L_{k-2l_1-\Delta x+3}+(-1)^{s+1}L_{k-2l_1-\Delta x-2s+5}F_r)]\\
&+[F_{l_1+\Delta x-1}F_{l_1-1}(L_{k-2l_1-\Delta x+4}+L_{k-2l_1-\Delta x+2}+(-1)^{s}L_{k-2l_1-\Delta x-2s+6}F_r)]\\
&+[F_{l_1+\Delta x-1}F_{l_1-1}(L_{k-2l_1-\Delta x+4}+L_{k-2l_1-\Delta x+2}+(-1)^{s+1}L_{k-2l_1-\Delta x-2s+4}F_r)]\\
&+[F_{l_1+\Delta x-2}F_{l_1-2}(L_{k-2l_1-\Delta x+3}+L_{k-2l_1-\Delta x+1}+(-1)^{s}L_{k-2l_1-\Delta x-2s+5}F_r)]\}\\
&=\frac{1}{5}\{[F_{l_1+\Delta x}F_{l_1}(L_{k-2l_1-\Delta x+5}+L_{k-2l_1-\Delta x+3})]\\
&+[F_{l_1+\Delta x-1}F_{l_1-1}(L_{k-2l_1-\Delta x+5}+L_{k-2l_1-\Delta x+3})]\\
&+[F_{l_1+\Delta x-2}F_{l_1-2}(L_{k-2l_1-\Delta x+3}+L_{k-2l_1-\Delta x+1})]\\
&+[(-1)^{s}L_{k-2l_1-\Delta x-2s+5}F_r(F_{l_1+\Delta x-1}F_{l_1-2}+F_{l_1+\Delta x-2}F_{l_1-1})]\}.
\end{aligned}$$

由此可知命题成立.

引理 4.2.25 设图 G_7 和图 G_8 如图 4.2.14 所示，则有 $i(G_7)>i(G_8)$.

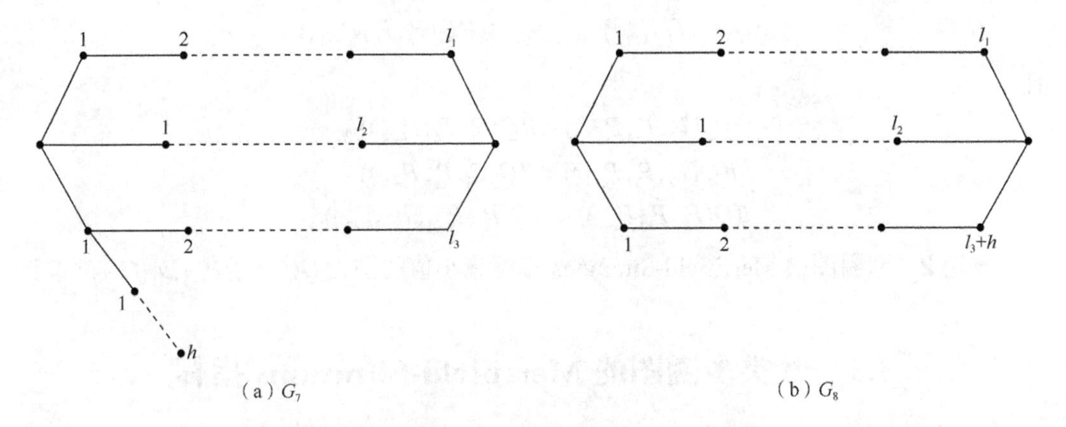

图 4.2.14　图 G_7 和图 G_8

证明　由引理 3.1.1 和引理 3.1.2，得到

$$i(G_7)=F_{l_1+2}F_{l_2+2}F_{l_3+h+2}+F_{l_1+1}F_{l_2+1}F_{l_3+h+1}+F_{l_1+1}F_{l_2+1}F_{l_3+1}F_{h+2}$$
$$+F_{l_1+1}F_{l_2+1}F_{l_3}F_{h+2}.$$
$$i(G_8)=F_{l_1+2}F_{l_2+2}F_{l_3+h+2}+F_{l_1+1}F_{l_2+1}F_{l_3+h+1}+F_{l_1+1}F_{l_2+1}F_{l_3+h+1}$$
$$+F_{l_1+1}F_{l_2+1}F_{l_3+h}.$$
$$\begin{aligned}i(G_7)-i(G_8)&=F_{l_1+1}F_{l_2+1}(F_{h+2}F_{l_3+1}-F_{l_3+h+1})+F_{l_1+1}F_{l_2+1}(F_{h+2}F_{l_3}-F_{l_3+h})\\&=F_{l_1+1}F_{l_2+1}(F_{h+2}F_{l_3+3}-F_{l_3+h+2})\\&=F_{l_1+1}F_{l_2+1}F_hF_{l_3}>0.\end{aligned}$$

通过计算，以下各式成立：

$$i(Q(C_3,v_1,P_{n-4},u_1,C_3))=5F_{n-2}.$$
$$i(Q(P_2,P_3,P_{n-1}))=2F_n.$$
$$i(Q(P_4,P_4,P_{n-4}))=3F_{n-1}+F_{n-3}.$$
$$i(Q(P_3,P_4,P_{n-3}))=3F_{n-1}+F_{n-3}.$$
$$i(Q(P_6,P_6,P_{n-8}))=64F_{n-8}+50F_{n-9}+9F_{n-10}.$$
$$i(Q(P_5,P_6,P_{n-7}))=2F_{n-3}+18F_{n-5}.$$

由定理 4.2.13 和引理 4.2.15 易证下面结论成立.

推论 1　对图 $Q(P_{l_1},P_{l_1+\Delta x},P_{k-2l_1-\Delta x+4})$，则有下列不等式成立：

$$i(Q(P_{l_1},P_{l_1+\Delta x},P_{k-2l_1-\Delta x+4}))>i(Q(P_2,P_3,P_{n-1}))$$

或

$$i(Q(P_{l_1},P_{l_1+\Delta x},P_{k-2l_1-\Delta x+4}))>i(Q(P_4,P_4,P_{n-4}))=i(Q(P_3,P_4,P_{n-3}))$$

或

$$i(Q(P_{l_1},P_{l_1+\Delta x},P_{k-2l_1-\Delta x+4}))>i(Q(P_{l_1},P_{l_1+1},P_{n-2l_1+3}))$$

或

$$i(Q(P_{l_1},P_{l_1+\Delta x},P_{k-2l_1-\Delta x+4}))>i(Q(P_6,P_6,P_{n-8}))$$

且

$$i(Q(P_2,P_3,P_{n-1}))<i(Q(P_4,P_4,P_{n-4})),$$
$$i(Q(P_2,P_3,P_{n-1}))<i(Q(P_6,P_6,P_{n-8})),$$
$$i(Q(P_2,P_3,P_{n-1}))<i(Q(P_{l_1},P_{l_1+1},P_{n-2l_1+3})).$$

推论 2 双圈图的 Merrifield-Simmons 指标最小值的图为 $Q(C_3,v_1,P_{n-4},u_1,C_3)$.

4.3 几类多圈图的 Merrifield-Simmons 指标

在本节中，我们将通过研究图族路粘接圈和圈粘接圈的 Merrifield-Simmons 指标的上、下界，从而确定图族轮粘接圈的 Merrifield-Simmons 指标的上、下界. 下面先给出这几个图族的概念.

用 $Q(P_k;C_{s_1},C_{s_2},\cdots,C_{s_k})$ 表示图族路粘接圈是由路 P_k 在它的每一个顶点 $v_i(i=1,2,\cdots,k)$ 上点粘接一个圈 $C_{s_i}(i=1,2,\cdots,k)$ 而得到的图，如图 4.3.1（a）所示；用 $Q(C_k;C_{s_1},C_{s_2},\cdots,C_{s_k})$ 表示图族圈粘接圈是由圈 C_k 在它的每一个顶点 $v_i(i=1,2,\cdots,k)$ 上点粘接一个圈 $C_{s_i}(i=1,2,\cdots,k)$ 而得到的一个图，如图 4.3.1(b)所示；用 $Q(W_k;C_{s_1},C_{s_2},\cdots,C_{s_k})$ 表示图族轮粘接圈是由轮 W_k 在它的每一个顶点 $v_i(i=1,2,\cdots,k)$ 上（除中心顶点外）点粘接一个圈 $C_{s_i}(i=1,2,\cdots,k)$ 而得到的图，如图 4.3.1（c）所示.

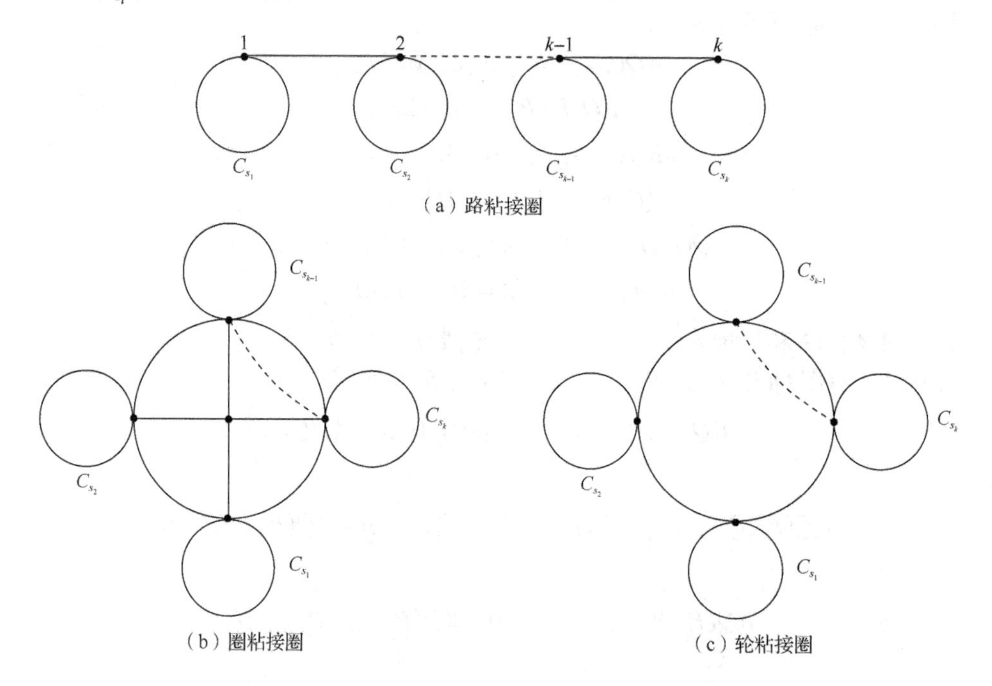

图 4.3.1 图族路粘接圈、圈粘接圈和轮粘接圈

下面先给出几个引理和在图族路粘接圈的 Merrifield-Simmons 指标方面已取得的研究成果.

引理 4.3.1[54]　设图 $Q(P_k;C_{s_1},C_{s_2},\cdots,C_{s_k})$ 是 n 个顶点的图族路粘接圈，则有

$$i(Q(P_k;C_4,C_4,\cdots,C_{n-4(k-1)}))>i(Q(P_k;C_{s_1},C_{s_2},\cdots,C_{s_k})),$$

并且等号成立当且仅当

$$Q(P_k;C_4,C_4,\cdots,C_{n-4(k-1)})\cong Q(P_k;C_{s_1},C_{s_2},\cdots,C_{s_k})\text{（图 4.3.2）}.$$

引理 4.3.2[54]　设图 $Q(P_k;C_{s_1},C_{s_2},\cdots,C_{s_k})$ 是 n 个顶点的图族路粘接圈，则有

$$i(Q(P_k;C_3,C_3,\cdots,C_{n-3(k-1)}))\leqslant i(Q(P_k;C_{s_1},C_{s_2},\cdots,C_{s_k})),$$

并且等号成立当且仅当

$$Q(P_k;C_3,C_3,\cdots,C_{n-3(k-1)})\cong Q(P_k;C_{s_1},C_{s_2},\cdots,C_{s_k})\text{（图 4.3.2）}.$$

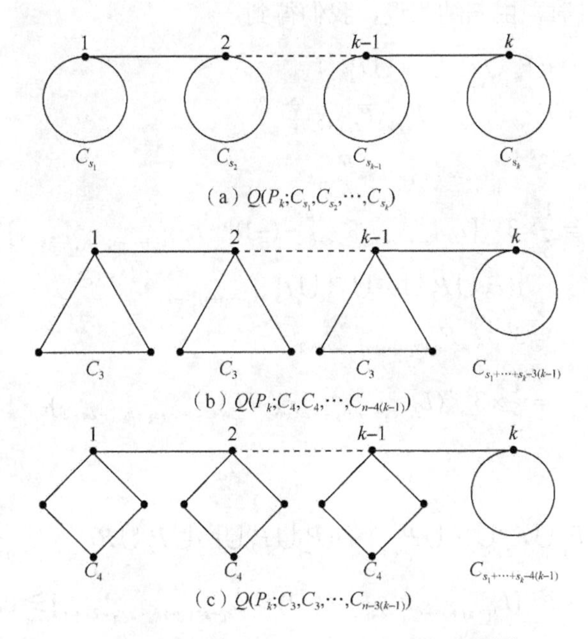

（a）$Q(P_k;C_{s_1},C_{s_2},\cdots,C_{s_k})$

（b）$Q(P_k;C_4,C_4,\cdots,C_{n-4(k-1)})$

（c）$Q(P_k;C_3,C_3,\cdots,C_{n-3(k-1)})$

图 4.3.2　图 $Q(P_k;C_{s_1},C_{s_2},\cdots,C_{s_k})$、图 $Q(P_k;C_4,C_4,\cdots,C_{n-4(k-1)})$ 和图 $Q(P_k;C_3,C_3,\cdots,C_{n-3(k-1)})$

下面我们研究图族圈粘接圈的 Merrifield-Simmons 指标的上、下界，首先我们给出几个重要引理.

引理 4.3.3　假设 $s_1,s_2,\cdots,s_k$ 都是正整数，且满足 $2\leqslant s_1\leqslant s_2\leqslant\cdots\leqslant s_k$，则有

$$i(P_{s_1}\cup P_{s_2}\cup\cdots\cup P_{s_k})\geqslant i(P_2\cup P_2\cup\cdots\cup P_2\cup P_{s_1+s_2+\cdots+s_k-2(k-1)}),$$

并且等号成立当且仅当

$$P_{s_1} \cup P_{s_2} \cup \cdots \cup P_{s_k} \cong P_2 \cup P_2 \cup \cdots \cup P_2 \cup P_{s_1+s_2+\cdots+s_k-2(k-1)}.$$

证明（归纳法）　假设 n 是图 $P_{s_1} \cup P_{s_2} \cup \cdots \cup P_{s_k}$ 中路分支的个数，那么当 $n=2$ 时，由引理 3.1.1、引理 3.1.2 和引理 4.1.1，我们得到

$$i(P_{s_1} \cup P_{s_2}) = F_{s_1+2}F_{s_2+2} = \frac{1}{5}[L_{s_1+s_2+4} - (-1)^{s_1} L_{s_2-s_1}],$$

$$i(P_2 \cup P_{s_1+s_2-2}) = F_4 F_{s_1+s_2} = \frac{1}{5}(L_{s_1+s_2+4} - L_{s_1+s_2-4}),$$

$$i(P_{s_1} \cup P_{s_2}) - i(P_2 \cup P_{s_1+s_2-2}) = \frac{1}{5}[L_{s_1+s_2-4} - (-1)^{s_1} L_{s_2-s_1}] \geqslant 0,$$

当且仅当 $s_1 = 2$ 等号成立. 所以当 $n=2$ 时，结论成立.

假设当 $n=k$ 时，结论成立，即

$$i(P_{s_1} \cup P_{s_2} \cup \cdots \cup P_{s_k}) \geqslant i(P_2 \cup P_2 \cup \cdots \cup P_2 \cup P_{s_1+s_2+\cdots+s_k-2(k-1)}).$$

那么当 $n=k+1$ 时，由归纳假设，我们得到

$$\begin{aligned}
& i(P_{s_1} \cup P_{s_2} \cup \cdots \cup P_{s_{k+1}}) \\
&= F_{s_1+2}F_{s_2+2}\cdots F_{s_k+2}F_{s_{k+1}+2} \\
&\geqslant 3^{k-1} F_{s_1+s_2+\cdots+s_k-2k+4} F_{s_{k+1}+2} \\
&= \frac{1}{5} \times 3^{k-1}[L_{s_1+s_2+\cdots+s_{k+1}-2k+6} - (-1)^{s_{k+1}} L_{s_1+s_2+\cdots+s_k-s_{k+1}-2k-2}]
\end{aligned}$$

$$\begin{aligned}
& i(P_2 \cup P_2 \cup \cdots \cup P_2 \cup P_{s_1+s_2+\cdots+s_{k+1}-2k}) \\
&= 3^{k-1} F_4 F_{s_1+s_2+\cdots+s_{k+1}-2k+2} \\
&= \frac{1}{5} \times 3^{k-1}(L_{s_1+s_2+\cdots+s_{k+1}-2k+6} - L_{s_1+s_2+\cdots+s_k-s_{k+1}-2k-2}),
\end{aligned}$$

进而得到

$$\begin{aligned}
& i(P_{s_1} \cup P_{s_2} \cup \cdots \cup P_{s_{k+1}}) - i(P_2 \cup P_2 \cup \cdots \cup P_2 \cup P_{s_1+s_2+\cdots+s_{k+1}-2k}) \\
\geqslant & \frac{1}{5} \times 3^{k-1}[L_{s_1+s_2+\cdots+s_{k+1}-2k-2} - (-1)^{s_{k+1}} L_{s_1+s_2+\cdots+s_k-s_{k+1}-2k+2}] \geqslant 0,
\end{aligned}$$

当且仅当 $s_{k+1} = 2$ 等号成立.

由以上证明过程可知，当 n 取遍所有大于等于 2 的自然数时，结论都成立.

引理 4.3.4　假设 $s_1, s_2, \cdots, s_k$ 都是正整数且满足 $3 \leqslant s_1 \leqslant s_2 \leqslant \cdots \leqslant s_k$，则有

$$i(P_{s_1} \cup P_{s_2} \cup \cdots \cup P_{s_k}) \leqslant i(P_3 \cup P_3 \cup \cdots \cup P_3 \cup P_{s_1+s_2+\cdots+s_k-3(k-1)}),$$

并且等号成立当且仅当

$$P_{s_1} \cup P_{s_2} \cup \cdots \cup P_{s_k} \cong P_3 \cup P_3 \cup \cdots \cup P_3 \cup P_{s_1+s_2+\cdots+s_k-3(k-1)}.$$

证明（归纳法）　假设 n 是路并图 $P_{s_1} \cup P_{s_2} \cup \cdots \cup P_{s_k}$ 的分支数，那么当 $n=2$ 时，由引理 3.1.1、引理 3.1.2 和引理 4.1.1，我们得到

$$i(P_{s_1} \cup P_{s_2}) = F_{s_1+2}F_{s_2+2} = \frac{1}{5}[L_{s_1+s_2+4} - (-1)^{s_1} L_{s_2-s_1}],$$

$$i(P_3 \cup P_{s_1+s_2-3}) = F_5 F_{s_1+s_2-1} = \frac{1}{5}(L_{s_1+s_2+4} + L_{s_1+s_2-6}),$$

$$i(P_{s_1} \cup P_{s_2}) - i(P_3 \cup P_{s_1+s_2-3}) = \frac{1}{5}[-L_{s_1+s_2-6} - (-1)^{s_1} L_{s_2-s_1}] \leqslant 0,$$

当且仅当 $s_1 = 3$ 等号成立. 所以当 $n=2$ 时，结论成立.

假设当 $n=k$ 时，结论成立，即

$$i(P_{s_1} \cup P_{s_2} \cup \cdots \cup P_{s_k}) \leqslant i(P_3 \cup P_3 \cup \cdots \cup P_3 \cup P_{s_1+s_2+\cdots+s_k-3(k-1)}).$$

那么当 $n=k+1$ 时，由归纳假设，我们得到

$$\begin{aligned}
& i(P_{s_1} \cup P_{s_2} \cup \cdots \cup P_{s_{k+1}}) \\
&= F_{s_1+2}F_{s_2+2}\cdots F_{s_k+2}F_{s_{k+1}+2} \\
&\leqslant 5^{k-1} F_{s_1+s_2+\cdots+s_k-3k+5} F_{s_{k+1}+2} \\
&= 5^{k-2}[L_{s_1+s_2+\cdots+s_{k+1}-3k+7} - (-1)^{s_{k+1}} L_{s_1+s_2+\cdots+s_k-s_{k+1}-3k+3}],
\end{aligned}$$

$$\begin{aligned}
& i(P_3 \cup P_3 \cup \cdots \cup P_3 \cup P_{s_1+s_2+\cdots+s_{k+1}-3k}) \\
&= 5^{k-1} F_5 F_{s_1+s_2+\cdots+s_{k+1}-3k+2} \\
&= 5^{k-2}(L_{s_1+s_2+\cdots+s_{k+1}-3k+7} - L_{s_1+s_2+\cdots+s_k-s_{k+1}-3k-3})
\end{aligned}$$

$$\begin{aligned}
& i(P_{s_1} \cup P_{s_2} \cup \cdots \cup P_{s_{k+1}}) - i(P_3 \cup P_3 \cup \cdots \cup P_3 \cup P_{s_1+s_2+\cdots+s_{k+1}-3k}) \\
&\leqslant 5^{k-2}[-L_{s_1+s_2+\cdots+s_{k+1}-3k-3} - (-1)^{s_{k+1}} L_{s_1+s_2+\cdots+s_k-s_{k+1}-3k+3}] \leqslant 0,
\end{aligned}$$

当且仅当 $s_{k+1} = 3$ 等号成立.

由以上证明过程可知，当 n 取遍所有大于等于 2 的自然数时，结论都成立.

下面我们以定理的形式给出图族圈粘接圈的 Merrifield-Simmons 指标的下界.

定理 4.3.1　假设 $s_1, s_2, \cdots, s_n$ 都是正整数且满足 $s_i \geqslant 3 (i=1,2,\cdots,n)$，则有

$$i(Q(C_n; C_{s_1}, C_{s_2}, \cdots, C_{s_n})) \geqslant i(Q(C_n; C_3, C_3, \cdots, C_3, C_{s_1+s_{2+\ldots+}s_n-3(n-1)})),$$

并且等号成立当且仅当

$$Q(C_n; C_{s_1}, C_{s_2}, \cdots, C_{s_n}) \cong Q(C_n; C_3, C_3, \cdots, C_3, C_{s_1+s_{2+\ldots+}s_n-3(n-1)}).$$

证明　由引理 3.1.2、引理 3.1.3 和引理 4.3.4，我们得到

$$\begin{aligned}
& i(Q(C_n; C_{s_1}, C_{s_2}, \cdots, C_{s_n})) \\
&= i(Q(C_n; C_{s_1}, C_{s_2}, \cdots, C_{s_n}) - v) + i(Q(C_n; C_{s_1}, C_{s_2}, \cdots, C_{s_n}) - N_G[v])
\end{aligned}$$

$$
\begin{aligned}
&\geqslant i(T_{3,(n-2)})i(P_{s_1+s_2+\cdots+s_{n-1}-3(n-2)-1})i(P_{s_n-1})\\
&\quad+i(T_{3,(n-3)})i(P_2)i(P_{s_1+s_2+\cdots+s_{n-1}-3(n-2)-3})i(P_{s_n-1})+i(T_{3,(n-4)})\\
&\quad\times i(P_{s_2+s_3+\cdots+s_{n-2}-3(n-4)-1})i(P_{s_1-1})i(P_{s_{n-1}-1})i(P_{s_n-3})+i(T_{3,(n-5)})\\
&\quad\times i(P_2)i(P_{s_2+s_3+\cdots+s_{n-2}-3(n-4)-3})i(P_{s_1-1})i(P_{s_{n-1}-1})i(P_{s_n-3})\\
&=i(T_{3,(n-2)})F_{s_1+s_2+\cdots+s_{n-1}-3(n-2)+1}F_{s_n+1}\\
&\quad+i(T_{3,(n-3)})F_4F_{s_1+s_2+\cdots+s_{n-1}-3(n-2)-1}F_{s_n+1}\\
&\quad+i(T_{3,(n-4)})F_{s_2+s_3+\cdots+s_{n-2}-3(n-4)+1}F_{s_1+1}F_{s_{n-1}+1}F_{s_n-1}\\
&\quad+i(T_{3,(n-5)})F_4F_{s_2+s_3+\cdots+s_{n-2}-3(n-4)-1}F_{s_1+1}F_{s_{n-1}+1}F_{s_n-1}\\
&=i(T_{3,(n-4)})(12F_{s_1+s_2+\cdots+s_{n-1}-3n+7}F_{s_n+1}+9F_{s_1+s_2++s_{n-1}-3n+5}F_{s_n+1}\\
&\quad+F_{s_2+s_3+\cdots+s_{n-2}-3n+13}F_{s_1+1}F_{s_{n-1}+1}F_{s_n-1})\\
&\quad+i(T_{3,(n-5)})(9F_{s_1+s_2+\cdots+s_{n-1}-3n+7}F_{s_n+1}+9F_{s_1+s_2++s_{n-1}-3n+5}F_{s_n+1}\\
&\quad+3F_{s_2+s_3+\cdots+s_{n-2}-3n+11}F_{s_1+1}F_{s_{n-1}+1}F_{s_n-1})\\
&=\frac{1}{25}\{i(T_{3,(n-4)})[60L_{s_1+s_2+\ldots+s_n-3n+8}+(-1)^{s_n}60L_{s_1+s_2+\cdots+s_{n-1}-s_n-3n+6}\\
&\quad+45L_{s_1+s_2+\cdots+s_n-3n+6}+(-1)^{s_n}45L_{s_1+s_2+\cdots+s_{n-1}-s_n-3n+4}\\
&\quad+L_{s_1+s_2+\cdots+s_n-3n+14}+(-1)^{s_n}L_{s_1+s_2+\cdots+s_{n-1}-s_n-3n+16}\\
&\quad+(-1)^{s_{n-1}}L_{s_1+s_2+\cdots+s_{n-2}-s_{n-1}+s_n-3n+12}+(-1)^{s_1}L_{s_2+s_3+\cdots+s_n-s_1-3n+12}\\
&\quad+(-1)^{s_1+s_n}L_{s_2+s_3+\cdots+s_{n-1}-s_1-s_n-3n+14}\\
&\quad+(-1)^{s_1+s_{n-1}}L_{s_2+s_3+\cdots+s_{n-2}-s_1-s_{n-1}-3n+10}\\
&\quad+(-1)^{s_{n-1}+s_n}L_{s_1+s_2+\cdots+s_{n-2}-s_{n-1}-s_n-3n+14}\\
&\quad+(-1)^{s_1+s_{n-1}+s_n}L_{s_2+s_3+\cdots+s_{n-2}-s_1-s_{n-1}-s_n-3n+12}]\\
&\quad+i(T_{3,(n-5)})[45L_{s_1+s_2+\cdots+s_n-3n+8}+(-1)^{s_n}45L_{s_1+s_2+\cdots+s_{n-1}-s_n-3n+6}\\
&\quad+45L_{s_1+s_2+\cdots+s_n-3n+6}+(-1)^{s_n}45L_{s_1+s_2+\cdots+s_{n-1}-s_n-3n+4}\\
&\quad+3L_{s_1+s_2+\cdots+s_n-3n+12}+(-1)^{s_n}3L_{s_1+s_2+\cdots+s_{n-1}-s_n-3n+14}\\
&\quad+(-1)^{s_{n-1}}3L_{s_1+s_2+\cdots+s_{n-2}-s_{n-1}+s_n-3n+10}+(-1)^{s_1}3L_{s_2+s_3+\cdots+s_n-s_1-3n+10}\\
&\quad+(-1)^{s_1+s_n}3L_{s_2+s_3+\cdots+s_{n-1}-s_1-s_n-3n+12}\\
&\quad+(-1)^{s_1+s_{n-1}}3L_{s_2+s_3+\cdots+s_{n-2}-s_1-s_{n-1}-3n+8}\\
&\quad+(-1)^{s_{n-1}+s_n}3L_{s_1+s_2+\cdots+s_{n-2}-s_{n-1}-s_n-3n+12}\\
&\quad+(-1)^{s_1+s_{n-1}+s_n}3L_{s_2+s_3+\cdots+s_{n-2}-s_1-s_{n-1}-s_n-3n+10}]\}.
\end{aligned}
$$

$$
\begin{aligned}
&i(Q(C_n;C_3,C_3,\cdots,C_3,C_{s_1+s_{2+\cdots+}s_n-3(n-1)}))\\
&=i(T_{3,(n-1)})F_{s_1+s_2+\cdots+s_n-3n+4}+i(T_{3,(n-3)})F_4F_4F_{s_1+s_2+\cdots+s_n-3n+2}\\
&=i(T_{3,(n-4)})[15F_4F_{s_1+s_2+\cdots+s_n-3n+4}+9F_4F_{s_1+s_2+\cdots+s_n-3n+2}]
\end{aligned}
$$

$$
\begin{aligned}
&= i(T_{3,(n-5)})[12F_4F_{s_1+s_2+\cdots+s_n-3n+4} + 9F_4F_{s_1+s_2+\cdots+s_n-3n+2}] \\
&= \frac{1}{5}\{i(T_{3,(n-4)})[15L_{s_1+s_2+\cdots+s_n-3n+8} - 15L_{s_1+s_2+\cdots+s_n-3n} \\
&\quad +9L_{s_1+s_2+\cdots+s_n-3n+6} - 9L_{s_1+s_2+\cdots+s_n-3n-2}] \\
&\quad +i(T_{3,(n-5)})[12L_{s_1+s_2+\cdots+s_n-3n+8} - 12L_{s_1+s_2+\cdots+s_n-3n} \\
&\quad +9L_{s_1+s_2+\cdots+s_n-3n+6} - 9L_{s_1+s_2+\cdots+s_n-3n-2}]\}
\end{aligned}
$$

$$
\begin{aligned}
&i(Q(C_n;C_{s_1},C_{s_2},\cdots,C_{s_n})) - i(Q(C_n;C_3,C_3,\cdots,C_3,C_{s_1+s_{2+\cdots+}s_n-3(n-1)})) \\
&\geqslant \frac{1}{25}\{i(T_{3,(n-4)})[-15L_{s_1+s_2+\cdots+s_n-3n+8} + L_{s_1+s_2+\cdots+s_n-3n+14} \\
&\quad +75L_{s_1+s_2+\cdots+s_n-3n} + 45L_{s_1+s_2+\cdots+s_n-3n-2} \\
&\quad +(-1)^{s_n}60L_{s_1+s_2+\cdots+s_{n-1}-s_n-3n+6} + (-1)^{s_n}45L_{s_1+s_2+\cdots+s_{n-1}-s_n-3n+4} \\
&\quad +(-1)^{s_n}L_{s_1+s_2+\cdots+s_{n-1}-s_n-3n+16} + (-1)^{s_{n-1}}L_{s_1+s_2+\cdots+s_{n-2}-s_{n-1}+s_n-3n+12} \\
&\quad +(-1)^{s_1}L_{s_2+s_3+\cdots+s_n-s_1-3n+12} + (-1)^{s_1+s_n}L_{s_2+s_3+\cdots+s_{n-1}-s_1-s_n-3n+14} \\
&\quad +(-1)^{s_1+s_{n-1}}L_{s_2+s_3+\cdots+s_{n-2}-s_1-s_{n-1}-3n+10} \\
&\quad +(-1)^{s_{n-1}+s_n}L_{s_1+s_2+\cdots+s_{n-2}-s_{n-1}-s_n-3n+14} \\
&\quad +(-1)^{s_1+s_{n-1}+s_n}L_{s_2+s_3+\cdots+s_{n-2}-s_1-s_{n-1}-s_n-3n+12}] \\
&\quad +i(T_{3,(n-5)})[-15L_{s_1+s_2+\cdots+s_n-3n+8} + 3L_{s_1+s_2+\cdots+s_n-3n+12} \\
&\quad +60L_{s_1+s_2+\cdots+s_n-3n} + 45L_{s_1+s_2+\cdots+s_n-3n-2} \\
&\quad +(-1)^{s_n}45L_{s_1+s_2+\cdots+s_{n-1}-s_n-3n+6} + L_{s_1+s_2+\cdots+s_{n-1}-s_n-3n+4} \\
&\quad +(-1)^{s_n}3L_{s_1+s_2+\cdots+s_{n-1}-s_n-3n+14} \\
&\quad +(-1)^{s_{n-1}}3L_{s_1+s_2+\cdots+s_{n-2}-s_{n-1}+s_n-3n+10} \\
&\quad +(-1)^{s_1}3L_{s_2+s_3+\cdots+s_n-s_1-3n+10} \\
&\quad +(-1)^{s_1+s_n}3L_{s_2+s_3+\cdots+s_{n-1}-s_1-s_n-3n+12} \\
&\quad +(-1)^{s_1+s_{n-1}}3L_{s_2+s_3+\cdots+s_{n-2}-s_1-s_{n-1}-3n+8} \\
&\quad +(-1)^{s_{n-1}+s_n}3L_{s_1+s_2+\cdots+s_{n-2}-s_{n-1}-s_n-3n+12} \\
&\quad +(-1)^{s_1+s_{n-1}+s_n}3L_{s_2+s_3+\cdots+s_{n-2}-s_1-s_{n-1}-s_n-3n+10}]\} \\
&\geqslant \frac{1}{25}i(T_{3,(n-5)})(6L_{s_2+s_3+\cdots+s_{n-2}-3n+13} + 9L_{s_2+s_3+\cdots+s_{n-2}-3n+12} \\
&\quad +21L_{s_2+s_3+\cdots+s_{n-2}-3n+9} + 3 + 9L_{s_2+s_3+\cdots+s_{n-2}-3n+5}).
\end{aligned}
$$

图族 k 阶圈链 $Q(C_{s_1},C_{s_2},\cdots,C_{s_k})$ 是由 k 个圈 $C_{s_1},C_{s_2},\cdots,C_{s_k}$ 通过使相邻两个圈 C_{s_i} 和 $C_{s_{i+1}}(i=1,2,\cdots,k-1)$ 顶点粘接而得到的图，如图 4.3.3 所示，它的顶点数为 $n(n=s_1+s_2+\cdots+s_k-(k-1))$，圈 $C_{s_1},C_{s_2},\cdots,C_{s_k}$ 的数目 k 称为图族的阶数. 图族 $Q((C_{s_1},C_{s_2},\cdots,C_{s_k}),v_i,\{P_{l_1},P_{l_2}\})$ 是由图族 $Q(C_{s_1},C_{s_2},\cdots,C_{s_k})$ 的第 k 个圈 $C_{s_{k+1}}$ 的顶点 $v_i(i=1,2,\cdots,s_k-1)$ 处同时

点粘接两条路 P_{l_1},P_{l_2} 而得到的图，如图 4.3.4 所示，它的顶点数为 $n+l_1+l_2-2(n=s_1+s_2+\cdots+s_k-(k-1))$.

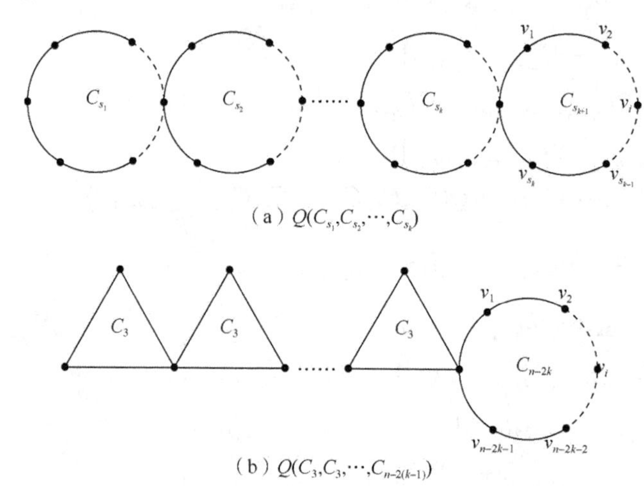

（a） $Q(C_{s_1},C_{s_2},\cdots,C_{s_k})$

（b） $Q(C_3,C_3,\cdots,C_{n-2(k-1)})$

图 4.3.3 图 $Q(C_{s_1},C_{s_2},\cdots,C_{s_k})$ 和图 $Q(C_3,C_3,\cdots,C_{n-2(k-1)})$

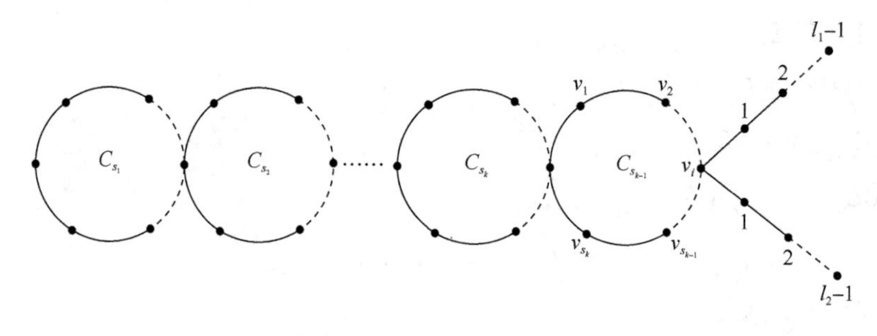

（a） $Q((C_{s_1},C_{s_2},\cdots,C_{s_k}),v_i,\{P_{l_1},P_{l_2}\})$

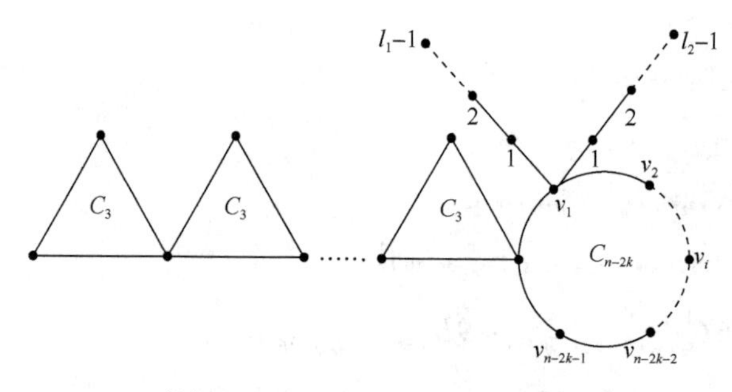

（b） $Q((C_3,C_3,\cdots,C_{s_1+s_2+\ldots+s_k-3(k-1)}),v_1,\{P_{l_1},P_{l_2}\})$

图 4.3.4 图 $Q((C_{s_1},C_{s_2},\cdots,C_{s_k}),v_i,\{P_{l_1},P_{l_2}\})$ 和图 $Q(C_3,C_3,\cdots,C_{s_1+s_2+\cdots+s_k-3(k-1)}),v_1,\{P_{l_1},P_{l_2}\})$

引理 4.3.5 若整数 n 与 m 满足 $n\geqslant m+2,m\geqslant 3$，则

$$i(Q((C_m,C_{n-m+1}),v_i,\{P_{l_1},P_{l_2}\}))\geqslant i(Q((C_3,C_{n-2}),v_1,\{P_{l_1},P_{l_2}\}),$$

并且等号成立当且仅当

$$Q((C_m, C_{n-m+1}), v_i, \{P_{l_1}, P_{l_2}\}) \cong Q((C_3, C_{n-2}), v_1, \{P_{l_1}, P_{l_2}\}).$$

证明　根据 Merrifield-Simmons 指标的定义及引理 3.1.1、引理 3.1.2 和引理 4.1.1，得到

$$\begin{aligned}
&i(Q((C_m, C_{n-m+1}), v_i, \{P_{l_1}, P_{l_2}\}))\\
&= F(l_1+1)F(l_2+1)[F(m+1)F(n-m-i+2)F(i+1)\\
&\quad +F(m-1)F(n-m-i+1)F(i)]\\
&\quad +F(l_1)F(l_2)[F(m+1)F(n-m-i+1)F(i)\\
&\quad +F(m-1)F(n-m-i)F(i-1)]\\
&= \frac{1}{5}(F(l_1+1)F(l_2+1)\{[L(n-i+3)\\
&\quad +(-1)^m L(n-2m-i+1)]F(i+1)\\
&\quad +[L(n-i)+(-1)^m L(n-2m-i+2)]F(i)\\
&\quad +F(l_1)F(l_2)[L(n-i+2)+(-1)^m L(n-2m-i)]F(i)\\
&\quad +[L(n-i-1)+(-1)^m L(n-2m-i+1)]F(i-1)\})\\
&= \frac{1}{5}\{F(l_1+1)F(l_2+1)[F(n+4)+(-1)^i F(n-2i+2)\\
&\quad +(-1)^m F(n-2m+2)+(-1)^{m+i} F(n-2m-2i)\\
&\quad +F(n)-(-1)^i F(n-2i)+(-1)^m F(n-2m+2)\\
&\quad -(-1)^{m+i} F(n-2m-2i+2)]+F(l_1)F(l_2)[F(n+2)\\
&\quad +(-1)^m F(n-2m)+(-1)^{m+i} F(n-2m-2i+2)]\}\\
&= \frac{1}{5}\{F(l_1+1)F(l_2+1)[F(n+4)+F(n)]+F(l_1)F(l_2)[F(n+2)\\
&\quad +F(n-2)]+(-1)^i[F(l_1+1)F(l_2+1)\\
&\quad -F(l_1)F(l_2)][F(n-2i+2)-F(n-2i)]\\
&\quad +2(-1)^m[F(l_1+1)F(l_2+1)F(n-2m+2)\\
&\quad +F(l_1)F(l_2)F(n-2m)]-(-1)^{m+i}[F(l_1+1)F(l_2+1)\\
&\quad -F(l_1)F(l_2)][F(n-2m-2i+2)-F(n-2m-2i)]\}.
\end{aligned}$$

当 $i=1, m=3$ 时，上式取得最小值，所以引理结论成立.

定理 4.3.2　设 $s_1+s_2+\cdots+s_k-(k-1)=n$，若 $s_1+s_2+\cdots+s_k-(k-1)\geqslant 3k$ 且 $k\geqslant 2$，则对图 $Q((C_{s_1}, C_{s_2}, \cdots, C_{s_k}), v_i, \{P_{l_1}, P_{l_2}\})$，有

$$i(Q((C_{s_1}, C_{s_2}, \cdots, C_{s_k}), v_i, \{P_{l_1}, P_{l_2}\})) \geqslant i(Q((C_3, C_3, \cdots, C_{s_1+s_2+\cdots+s_k-3(k-1)}), v_1, \{P_{l_1}, P_{l_2}\})),$$

并且等号成立当且仅当

$$Q((C_{s_1},C_{s_2},\cdots,C_{s_k}),v_i,\{P_{l_1},P_{l_2}\})\cong Q((C_3,C_3,\cdots,C_{s_1+s_2+\cdots+s_k-3(k-1)}),v_1,\{P_{l_1},P_{l_2}\}).$$

证明（归纳法） 当阶数 $k=2$ 时，由引理 4.3.5 可知结论成立.

假设当 $K<k$ 时，结论成立，那么当 $K=k$ 时，设 $a_{3,r}$ 是 $Q((C_3,C_3,\cdots,C_3),v_1,\{P_2\})$（$r$ 是圈的数目）的 Merrifield-Simmons 指标. 由引理 3.1.1、引理 3.1.2 和引理 4.1.1，得到

$$\begin{aligned}
&i(Q((C_{s_1},C_{s_2},\cdots,C_{s_k}),v_i,\{P_{l_1},P_{l_2}\}))\\
\geqslant& F(l_1+1)F(l_2+1)\{a_{3,k-3}[F(i+1)F(s_k-i+1)\\
&\times F(s_1+s_2+\cdots+s_{k-1}-3k+6)+F(i)F(s_k-i)\\
&\times F(s_1+s_2+\cdots+s_{k-1}-3k+5)]\\
&+a_{3,k-4}F(i+1)F(s_k-i+1)F(s_1+s_2+\cdots+s_{k-1}-3k+5)\\
&+F(l_1)F(l_2)a_{3,k-3}[F(i)F(s_k-i)F(s_1+s_2+\cdots+s_{k-1}-3k+6)\\
&+F(i-1)F(s_k-i-1)F(s_1+s_2+\cdots+s_{k-1}-3k+5)]\\
&+a_{3,k-4}F(i)F(s_k-i)F(s_1+s_2+\cdots+s_{k-1}-3k+5)\}\\
=&\frac{1}{5}[F(l_1+1)F(l_2+1)(a_{3,k-3}\{[L(s_k+2)\\
&+(-1)^iL(s_k-2i)]F(s_1+s_2+\cdots+s_{k-1}-3k+6)\\
&+[L(s_k)-(-1)^iL(s_k-2i)]F(s_1+s_2+\cdots+s_{k-1}-3k+5)\}\\
&+a_{3,k-4}[L(s_k+2)+(-1)^iL(s_k-2i)]\\
&\times F(s_1+s_2+\cdots+s_{k-1}-3k+5))+F(l_1)F(l_2)\{[a_{3,k-3}L(s_k)\\
&-(-1)^iL(s_k-2i)]F(s_1+s_2+\cdots+s_k-3k+6)+[L(s_k-2)\\
&+(-1)^iL(s_k-2i)]F(s_1+s_2+\cdots+s_k-3k+5)\}\\
&+F(l_1)F(l_2)\{2a_{3,k-3}F(s_1+s_2+\cdots+s_k-3k+2)+a_{3,k-4}[L(s_k)\\
&-(-1)^iL(s_k-2i)]F(s_1+s_2+\cdots+s_k-3k+2)\}]\\
\geqslant&\frac{1}{5}[F(l_1+1)F(l_2+1)(a_{3,k-3}\{[L(s_k+2)-L(s_k-2)]\\
&\times F(s_1+s_2+\cdots+s_{k-1}-3k+6)+[L(s_k)+L(s_k-2)]\\
&\times F(s_1+s_2+\cdots+s_{k-1}-3k+5)\}+a_{3,k-4}[L(s_k+2)\\
&-L(s_k-2)]F(s_1+s_2+\cdots+s_{k-1}-3k+5))\\
&+F(l_1)F(l_2)\{a_{3,k-3}[L(s_k)+L(s_k-2)]\\
&\times F(s_1+s_2+\cdots+s_{k-1}-3k+6)+a_{3,k-4}[L(s_k)+L(s_k-2)]\\
&\times F(s_1+s_2+\cdots+s_{k-1}-3k+5)\}].
\end{aligned}$$

$$\begin{aligned}
&i(Q(C_3,C_3,\cdots,C_{s_1+s_2+\cdots+s_k-3(k-1)}),v_1,\{P_{l_1},P_{l_2}\}))\\
=&F(l_1+1)F(l_2+1)[a_{3,k-2}F(s_1+s_2+\cdots+s_k-3k+3)\\
&+a_{3,k-3}F(s_1+s_2+\cdots+s_k-3k+2)]
\end{aligned}$$

$$
\begin{aligned}
&+F(l_1)F(l_2)a_{3,k-2}F(s_1+s_2+\cdots+s_k-3k+2)\\
&=F(l_1+1)F(l_2+1)\{a_{3,k-2}[2F(s_1+s_2+\cdots+s_k-3k+3)\\
&\quad+F(s_1+s_2+\cdots+s_k-3k+2)]\\
&\quad+a_{3,k-4}2F(s_1+s_2+\cdots+s_k-3k+3)\}\\
&\quad+F(l_1)F(l_2)[a_{3,k-3}2F(s_1+s_2+\cdots+s_k-3k+2)\\
&\quad+a_{3,k-4}F(s_1+s_2+\cdots+s_k-3k+2)].
\end{aligned}
$$

$$
\begin{aligned}
&i(Q(C_{s_1},C_{s_2},\cdots,C_{s_k},v_i,\{P_{l_1},P_{l_2}\}))-i(Q(C_3,C_3,\cdots,C_{s_1+s_2+\cdots+s_k-3(k-1)}),v_1,\{P_{l_1},P_{l_2}\}))\\
&\geqslant\frac{1}{5}[F(l_1+1)F(l_2+1)\{a_{3,k-3}[F(s_1+s_2+\cdots+s_k-3k+8)\\
&\quad-F(s_1+s_2+\cdots+s_k-3k+4)+F(s_1+s_2+\cdots+s_k-3k+5)\\
&\quad-9F(s_1+s_2+\cdots+s_k-3k+3)]-5F(s_1+s_2+\cdots+s_k-3k+2)\}\\
&\quad+a_{3,k-4}\{[F(s_1+s_2+\cdots+s_k-3k+7)\\
&\quad-6F(s_1+s_2+\cdots+s_k-3k+3)]\\
&\quad+(-1)^{s_k}[F(s_1+s_2+\cdots+s_{k-1}-s_k-3k+3)\\
&\quad-F(s_1+s_2+\cdots+s_{k-1}-s_k-3k+7)]\}\\
&\quad+F(l_1)F(l_2)\{a_{3,k-3}[F(s_1+s_2+\cdots+s_k-3k+6)\\
&\quad-F(s_1+s_2+\cdots+s_k-3k+4)+10F(s_1+s_2+\cdots+s_k-3k+2)\\
&\quad+(-1)^{s_k}[F(s_1+s_2+\cdots+s_{k-1}-s_k-3k+6)\\
&\quad+F(s_1+s_2+\cdots+s_{k-1}-s_k-3k+8)]]\}\\
&\quad+a_{3,k-4}\{[F(s_1+s_2+\cdots+s_k-3k+5)\\
&\quad+F(s_1+s_2+\cdots+s_k-3k+3)-5F(s_1+s_2+\cdots+s_k-3k+2)]\\
&\quad+(-1)^{s_k}[F(s_1+s_2+\cdots+s_{k-1}-s_k-3k+5)\\
&\quad+F(s_1+s_2+\cdots+s_{k-1}-s_k-3k+7)]\}]\ \text{（这里 } s_k=3 \text{ 时取得最小值）}\\
&\geqslant\frac{1}{5}\{F(l_1+1)F(l_2+1)a_{3,k-4}[2F(s_1+s_2+\cdots+s_{k-1}-3k+5)\\
&\quad-F(s_1+s_2+\cdots+s_{k-1}-3k)]\\
&\quad-5F(l_1)F(l_2)a_{3,k-3}F(s_1+s_2+\cdots+s_{k-1}-3k+3)\}\\
&=\frac{1}{5}[(L(l_1+l_2+2)+(-1)^{l_1}L(l_2-l_1))a_{3,k-4}-(L(l_1+l_2)\\
&\quad-(-1)^{l_1}L(l_2-l_1))a_{3,k-3}]F(s_1+s_2+\cdots+s_{k-1}-3k+3)\\
&=\frac{1}{5}[(L(l_1+l_2+2)+(-1)^{l_1}L(l_2-l_1))a_{3,k-4}-(L(l_1+l_2)\\
&\quad-(-1)^{l_1}L(l_2-l_1))(2a_{3,k-4}+a_{3,k-5})]\\
&\quad\times F(s_1+s_2+\cdots+s_{k-1}-3k+3)
\end{aligned}
$$

$$\geqslant \frac{1}{5}[(L(l_1+l_2-1)a_{3,k-4}-L(l_1+l_2)a_{3,k-5})$$
$$+(-1)^{l_1}L(l_2-l_1)(a_{3,k-3}+a_{3,k-4})]F(s_1+s_2+\cdots+s_{k-1}-3k+3)$$
$$=\frac{1}{5}[(L(l_1+l_2-1)a_{3,k-4}-L(l_1+l_2)a_{3,k-5})$$
$$+(-1)^{l_1}L(l_2-l_1)(7a_{3,k-5}+3a_{3,k-6})] \text{（因} l_1\geqslant 2\text{，故取} l_1=3\text{）}$$
$$\geqslant \frac{1}{5}[(8L(l_2-3)+5L(l_2-4))a_{3,k-5}$$
$$-L(l_2-3)(7a_{3,k-5}+3a_{3,k-6})]$$
$$\geqslant 0.$$

由上面的证明过程可知，当k取遍所有大于 1 的自然数时，结论都成立.

定理 4.3.3 设图族$Q(C_m,C_{n-m+1})$是n个顶点的二阶圈链，则有

$$i(Q(C_m,C_{n-m+1}))\geqslant i(Q(C_3,C_{n-2}))，$$

当且仅当$Q(C_m,C_{n-m+1})\cong Q(C_3,C_{n-2})$等号成立.

证明 由 Merrifield-Simmons 指标的定义及引理 3.1.1、引理 3.1.2 和引理 4.1.1，得到

$$\begin{aligned}&i(Q(C_m,C_{n-m+1}))\\&=F(m+1)F(n-m+2)+F(m-1)F(n-m)\\&=\frac{1}{5}[L(n+3)+L(n-1)+(-1)^m 2L(n-2m+1)].\end{aligned}$$

当$m=3$时，$i(Q(C_m,C_{n-m+1}))$取得最小值，因此结论成立.

定理 4.3.4 设$s_1+s_2+\cdots+s_k-(k-1)=n$，若$n\geqslant 2k+1,k\geqslant 2$，则

$$i(Q(C_{s_1},C_{s_2},\cdots,C_{s_k}))\geqslant i(Q(C_3,C_3,\cdots,C_{n-2(k-1)}))，$$

并且等号成立当且仅当

$$Q(C_{s_1},C_{s_2},\cdots,C_{s_k})\cong Q(C_3,C_3,\cdots,C_{n-2(k-1)}).$$

证明（归纳法） 当圈链的阶数$N=2$时，由定理 4.3.3 可知，结论成立.

假设当圈链的阶数$N=k$时成立，那么当阶数$N=k+1$时，由 Merrifield-Simmons 指标的定义及引理 3.1.1、引理 3.1.2 和引理 4.1.1，得到

$$
\begin{aligned}
& i(Q(C_{s_1}, C_{s_2}, \cdots, C_{s_{k+1}})) \\
\geqslant & F(s_{k+1}+1)\{a_{3,k-3}F(i+1)F(s_k-i+1) \\
& \times F[s_1+s_2+\cdots+s_{k-1}-3(k+1)+9]+F(i) \\
& \times F(s_k-i)F[s_1+s_2+\cdots+s_{k-1}-3(k+1)+8]+a_{3,k-4} \\
& \times F(i+1)F[s_1+s_2+\cdots+s_{k-1}-3(k+1)+8]\} \\
& +F(s_{k+1}-1)\{a_{3,k-3}F(i)F(s_k-i) \\
& \times F[s_1+s_2+\cdots+s_k-3(k-1)+9]+F(i-1)F(s_k-i-1) \\
& \times F[s_1+s_2+\cdots+s_k-3(k+1)+8]\} \\
& +a_{3,k-4}F(i)F(s_k-i)F[s_1+s_2+\cdots+s_k-3(k+1)+8].
\end{aligned}
$$

$$
\begin{aligned}
& i(Q(C_3, C_3, \cdots, C_{s_1+s_2+\cdots+s_{k+1}-3k})) \\
= & a_{3,k-1}F[s_1+s_2+\cdots+s_{k+1}-3(k+1)+4] \\
& +a_{3,k-2}F[s_1+s_2+\cdots+s_{k+1}-3(k+1)+2] \\
= & a_{3,k-1}F[s_1+s_2+\cdots+s_{k+1}-3(k+1)+4]F(2) \\
& +a_{3,k-2}F[s_1+s_2+\cdots+s_{k+1}-3(k+1)+2]F(2).
\end{aligned}
$$

和定理 4.3.2 的证明过程中用到的放缩方法完全相似，利用引理 4.1.1 不难证明不等式 $i(Q(C_{s_1}, C_{s_2}, \cdots, C_{s_{k+1}})) - i(Q(C_3, C_3, \cdots, C_{s_1+s_2+\cdots+s_{k+1}-3k})) \geqslant 0$ 成立.

由上面的证明过程可知，当圈链的阶数 k 取遍任意大于 1 的自然数时，定理结论都成立.

第 5 章　树形苯环系统的 Hosoya 指标

5.1　苯环链 Hosoya 指标的上、下界

设图 G 是简单的连通图，用 $m(G)$ 表示图 G 的匹配集的数目. 在化学中 $m(G)$ 也被称为 Hosoya 指标[1,21,24-27,36,37,40,48,63,78,81,90]. 显然一个图的 Hosoya 指标大于它的子图的 Hosoya 指标. 本节我们将确定树形苯环系统 Hosoya 指标的上、下界. 下面先给出几个重要的引理.

引理 5.1.1[1]　设图 G 由两个分支 G_1 和 G_2 组成，则有

$$m(G)=m(G_1)m(G_2).$$

引理 5.1.2[1]　设图 G 是简单的连通图，并且 $uv\in E(G)$，则有

$$m(G)=m(G-uv)+m(G-u-v).$$

引理 5.1.3[26]　设图 G 是简单的连通图，对每一个 $uv\in E(G)$，有

$$m(G)-m(G-u)-m(G-u-v)\geqslant 0,$$

当且仅当 v 是 u 的唯一相邻的顶点时等号成立.

苯环数为 n 的苯环链 B_n 可以看成由苯环数为 $n-1$ 的苯环链边粘接一个苯环得到的图，如图 5.1.1 所示；也可以看成苯环数为 $n-2$ 的苯环链边粘接一个苯环链 L_2 得到的图，如图 5.1.2 所示.

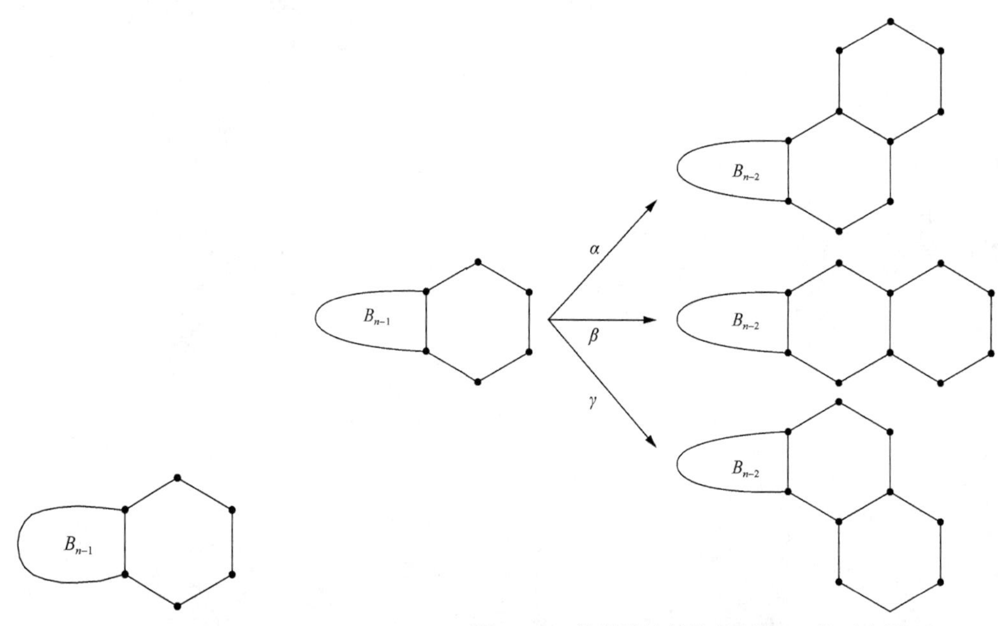

图 5.1.1　苯环链边粘接苯环的示意图

图 5.1.2　苯环链边粘接苯环链 L_2 的示意图

定理 5.1.1[10]　设 B_n 是苯环数为 n 的苯环链，L_n 是苯环数为 n 的 L 型苯环链，则有 $m(L_n)\leqslant m(B_n)$，当且仅当 $B_n\cong L_n$ 等号成立.

证明　设 x,y 是两个连接苯环链 B_n 中第 n 个苯环和第 $n-1$ 个苯环的相邻顶点. 由引理 5.1.1 和引理 5.1.2，我们得到

$$m(B_n)=5m(B_{n-1})+3[m(B_{n-1}-x)+m(B_{n-1}-y)]+2m(B_{n-1}-x-y). \tag{5.1.1}$$

同理得到下列 6 个等式成立（图 5.1.2），即

$$\begin{aligned}&[m(B_{n-1}-x)+m(B_{n-1}-y)]_\alpha\\&=5m(B_{n-2})+2m(B_{n-2}-u)+3m(B_{n-2}-v)+m(B_{n-2}-u-v).\end{aligned} \tag{5.1.2}$$

$$\begin{aligned}&[m(B_{n-1}-x)+m(B_{n-1}-y)]_\beta\\&=4m(B_{n-2})+3m(B_{n-2}-u)+3m(B_{n-2}-v)+2m(B_{n-2}-u-v).\end{aligned} \tag{5.1.3}$$

$$\begin{aligned}&[m(B_{n-1}-x)+m(B_{n-1}-y)]_\gamma\\&=5m(B_{n-2})+3m(B_{n-2}-u)+2m(B_{n-2}-v)+m(B_{n-2}-u-v).\end{aligned} \tag{5.1.4}$$

$$[m(B_{n-1}-x-y)]_\alpha=2m(B_{n-2})+m(B_n-v). \tag{5.1.5}$$

$$[m(B_{n-1}-x-y)]_\beta=m(B_{n-2})+m(B_n-u)+m(B_n-v)+m(B_n-u-v). \tag{5.1.6}$$

$$[m(B_{n-1}-x-y)]_\gamma=2m(B_{n-2})+m(B_n-u). \tag{5.1.7}$$

根据式（5.1.2）～式（5.1.7）及引理 5.1.3，我们容易证明下面两个不等式成立，即

$$[m(B_n)]_\alpha>[m(B_n)]_\beta. \tag{5.1.8}$$

$$[m(B_n)]_\gamma>[m(B_n)]_\beta. \tag{5.1.9}$$

由式（5.1.8）和式（5.1.9）可知，定理 5.1.1 成立.

定理 5.1.2[16]　对任意的 $n\geqslant 1$ 和任意的苯环链 B_n，我们有 $m(B_n)\leqslant m(Z_n)$，当且仅当 $B_n\cong Z_n$ 等号成立.

该定理的证明方法和定理 5.1.1 相似，在此不再赘述.

将定理 5.1.1 的结论和定理 5.1.2 的结论合在一起，我们就得到了苯环链的 Hosoya 指标的上、下界.

定理 5.1.3　设 B_n 是苯环数为 n 的苯环链，L_n 是苯环数为 n 的 L 型苯环链，Z_n 是 zig-zag 型苯环链，则有

$$m(Z_n)\geqslant m(B_n)\geqslant m(L_n),$$

当且仅当 $B_n\cong L_n, B_n\cong Z_n$ 等号成立.

5.2 三叉树形苯环系统 Hosoya 指标的上、下界

本节介绍 Shiu 教授[26]解决三叉树形苯环系统的 Hosoya 指标的上、下界的方法，该方法将有助于我们更好地理解 5.3 节的内容. 首先我们给出几个重要的引理.

假设图 G 是由图 A 和苯环 C 通过边粘接得到的联图，即 A 和 C 只有唯一的公共边 xy. 用 $abcdqpa$ 表示圈 C；用 a,b,c,d,q,p 表示圈 C 的顶点，并且设 $x=p,y=q$；用 $A(x,y)\otimes C(p,q)$ 表示图 G（图 5.2.1）.

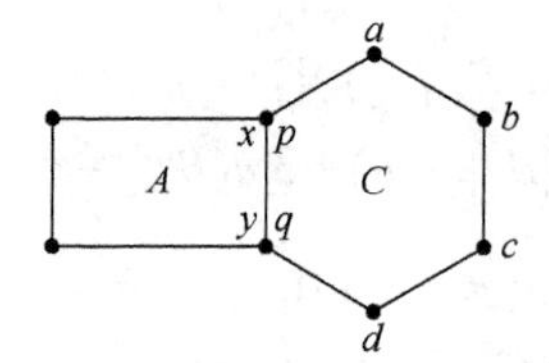

图 5.2.1 图 $G=A(x,y)\otimes C(p,q)$

设 A，B 是任意两个图，C 是一个苯环，$G=A(x,y)\otimes C(p,q)$，并且 r 和 s 相邻. 我们用图 $G(a,b)\otimes B(r,s)$ 表示由图 G 和图 B 通过边 ab 粘接边 rs 得到的图，用图 $G(b,c)\otimes B(r,s)$ 表示由图 G 和图 B 通过边 bc 粘接边 rs 得到的图，用图 $G(c,d)\otimes B(r,s)$ 表示由图 G 和图 B 通过边 cd 粘接边 rs 得到的图，于是我们得到下面两个引理.

引理 5.2.1[26] 设图 $G=A(x,y)\otimes C(p,q)$ 为按图 5.2.1 得到的图，则有

$$\begin{pmatrix} m(G) \\ m(G-a) \\ m(G-b) \\ m(G-c) \\ m(G-d) \\ m(G-a-b) \\ m(G-b-c) \\ m(G-c-d) \end{pmatrix} = \begin{pmatrix} 5 & 3 & 3 & 2 \\ 3 & 0 & 2 & 0 \\ 2 & 2 & 1 & 1 \\ 2 & 1 & 2 & 1 \\ 3 & 2 & 0 & 0 \\ 2 & 0 & 1 & 0 \\ 1 & 1 & 1 & 1 \\ 2 & 1 & 0 & 0 \end{pmatrix} \begin{pmatrix} m(A) \\ m(A-x) \\ m(A-y) \\ m(A-x-y) \end{pmatrix}.$$

证明 由引理 5.1.1 和引理 5.1.2 易证得结论成立.

推论[26] 假设 A_1，A_2 是两个图，且边 $xy\in E(A_1)\cap E(A_2)$. 设 $G_1=A_1(x,y)\otimes C(p,q)$，$G_2=A_2(x,y)\otimes C(p,q)$ 是按图 5.2.1 的变换得到的图. 如果

$$m(A_1)>m(A_2),m(A_1-x)>m(A_2-x),m(A_1-y)>m(A_2-y),m(A_1-x-y)>m(A_2-x-y),$$

那么

$$m(G_1)>m(G_2),m(G_1-u)>m(G_2-u),m(G_1-v-w)>m(G_2-v-w).$$

其中，$u\in\{a,b,c,d\}$，$vw\in\{ab,bc,cd\}$.

引理 5.2.2[26]　设 A,B 是任意两个图的简单连通图，$G=A(x,y)\otimes C(p,q)$，图 $G_\eta B,G_\zeta B$ 是按图 5.2.2 的变换得到图，如果 $m(A-x)>m(A-y)$，那么 $m(G_\zeta B)>m(G_\eta B)$.

证明　由引理 5.1.1 和引理 5.1.2 易证得结论成立.

引理 5.2.3[26]　设 A,B 是任意两个图，图 $G=A(x,y)\otimes C(x,y)$ 和图 $G_\beta B,G_\eta B,G_\zeta B$ 是按图 5.2.2 的变换得到的图，则有

$$m(G_\eta B)>m(G_\beta B),\quad m(G_\zeta B)>m(G_\beta B).$$

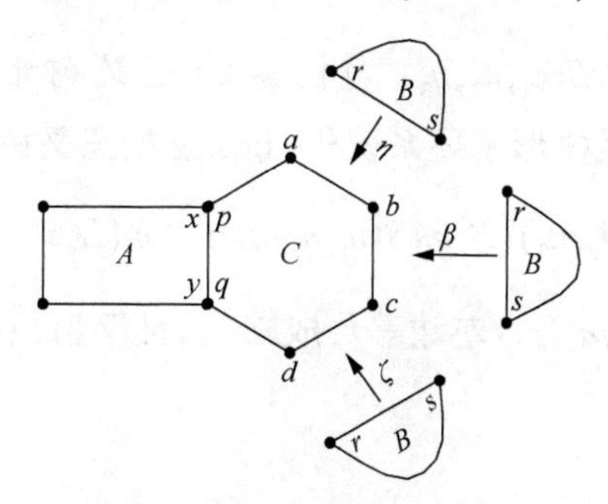

图 5.2.2　图 $G_\beta B,G_\eta B,G_\zeta B$

证明[26]　由引理 5.1.1 和引理 5.1.2，我们得到

$$m(G_\eta B-G_\beta B)=[m(A)-m(A-x)-m(B-x-y)][m(B)$$
$$-m(B-s)-m(B-r-s)].$$

根据引理 5.1.3，得到 $m(G_\eta B-G_\beta B)>0$. 同理可证 $m(G_\zeta B)>m(G_\beta B)$，因此引理结论成立.

引理 5.2.4[26]　设图 $G_\beta B,G_\eta B,G_\zeta B$ 是按图 5.2.2 的变换得到的图，如果 $m(A-x)\geqslant m(A-y)$，那么

$$m(G_\zeta B-d)>i(G_\eta B-c),m(G_\zeta B)\geqslant m(G_\eta B),$$

当且仅当 $m(A-x)=m(A-y)$ 等号成立.

证明[26]　和引理 5.2.3 的证明相似，在此只给出 $m(G_\zeta B-d)>m(G_\eta B-c)$ 的证明过程. 由引理 5.1.1 和引理 5.1.2，得到

$$\begin{aligned}m(G_\zeta B-d)&=m(G_\zeta B-d-ax)+m(G_\zeta B-d-a-x)\\&=m(A)m(P_7)+m(A-x)m(P_6)\\&=21m(A)+8i(A-x)+13m(A-x).\end{aligned}$$

$$m(G_\zeta B-c)=16m(A)+10m(A-y)+8m(A-x)+5m(A-x-y).$$

因此

$$\begin{aligned}&m(G_\zeta B-d)-m(G_\zeta B-c)\\&=5\{[m(A)-m(A-y)-m(A-y-x)]\\&\quad+[m(A-x)-m(A-y)]\}<0.\end{aligned}$$

同理可证

$$m(G_\zeta B)\geqslant m(G_\eta B).$$

取 A 为苯环，重复应用引理 5.2.3 在 A 上，便可得到三叉树形苯环系统的 Hosoya 指标的上、下界.

定理 5.2.1[26] 假设 $S(n_1,n_2,n_3)$ 为任意的三叉树形苯环系统，$L(n_1,n_2,n_3)$, $Z(n_1,n_2,n_3)$ 分别是 L 型三叉树形苯环系统和 zig-zag 型三叉树形苯环系统，则有

$$m(Z(n_1,n_2,n_3))\geqslant m(S(n_1,n_2,n_3))\geqslant m(L(n_1,n_2,n_3)),$$

当且仅当 $S(n_1,n_2,n_3)\cong Z(n_1,n_2,n_3)$ 左边等号成立，当且仅当 $S(n_1,n_2,n_3)\cong L(n_1,n_2,n_3)$ 右边等号成立.

5.3 树形苯环系统 Hosoya 指标的上、下界

本节中，我们将给出一般树形苯环系统 Hosoya 指标的上、下界. 下面先介绍几个重要的引理.

为了表示方便，我们沿用本章中的一些表示方法，这些表示方法在本章中常常被重复使用. 对于一个苯环数目为 2 的苯环链 L_2，用 a,b,c,d 和 u,v,w,o 分别表示两个 end-苯环的 4 个 2 度顶点. 在后面的章节中，对于给定的 $T\in \boldsymbol{T}$，我们总假设 s,t 和 x,y 在 T 中是相邻的 2 度顶点. 由引理 5.1.1 和引理 5.1.2，我们得到下面的引理.

引理 5.3.1 设 $G_1=\{A(x,y)\otimes L_2(w,o)\}(a,b)\otimes B(s,t)$, $G_2=\{A(x,y)\otimes L_2(w,o)\}(c,d)\otimes B(s,t)$, $G_3=\{A(x,y)\otimes L_2(u,v)\}(c,d)\otimes B(s,t)$ 和 $G_4=\{A(x,y)\otimes L_2(u,v)\}(a,b)\otimes B(s,t)$（图 5.3.1 和图 5.3.2），则有

$$m(G_1)=\begin{pmatrix}m(A-xy)\\m(A-y)\\m(A-x)\\m(A-x-y)\end{pmatrix}^{\mathrm T}\begin{pmatrix}13&8&6&4\\6&3&4&2\\8&5&3&2\\17&10&8&5\end{pmatrix}\begin{pmatrix}m(B)\\m(B-t)\\m(B-s)\\m(B-s-t)\end{pmatrix},$$

$$m(G_2)=\begin{pmatrix} m(A-xy) \\ m(A-y) \\ m(A-x) \\ m(A-x-y) \end{pmatrix}^{\mathrm{T}} \begin{pmatrix} 12 & 8 & 7 & 5 \\ 8 & 0 & 5 & 0 \\ 7 & 5 & 4 & 3 \\ 17 & 8 & 10 & 5 \end{pmatrix} \begin{pmatrix} m(B) \\ m(B-t) \\ m(B-s) \\ m(B-s-t) \end{pmatrix},$$

$$m(G_3)=\begin{pmatrix} m(A-xy) \\ m(A-y) \\ m(A-x) \\ m(A-x-y) \end{pmatrix}^{\mathrm{T}} \begin{pmatrix} 13 & 6 & 8 & 4 \\ 8 & 3 & 5 & 2 \\ 6 & 4 & 3 & 2 \\ 17 & 8 & 10 & 5 \end{pmatrix} \begin{pmatrix} m(B) \\ m(B-t) \\ m(B-s) \\ m(B-s-t) \end{pmatrix},$$

$$m(G_4)=\begin{pmatrix} m(A-xy) \\ m(A-y) \\ m(A-x) \\ m(A-x-y) \end{pmatrix}^{\mathrm{T}} \begin{pmatrix} 12 & 8 & 7 & 5 \\ 8 & 0 & 5 & 0 \\ 7 & 5 & 4 & 3 \\ 17 & 8 & 10 & 5 \end{pmatrix} \begin{pmatrix} m(B) \\ m(B-t) \\ m(B-s) \\ m(B-s-t) \end{pmatrix}.$$

由引理 5.1.1 和引理 5.1.2 易证得结论成立.

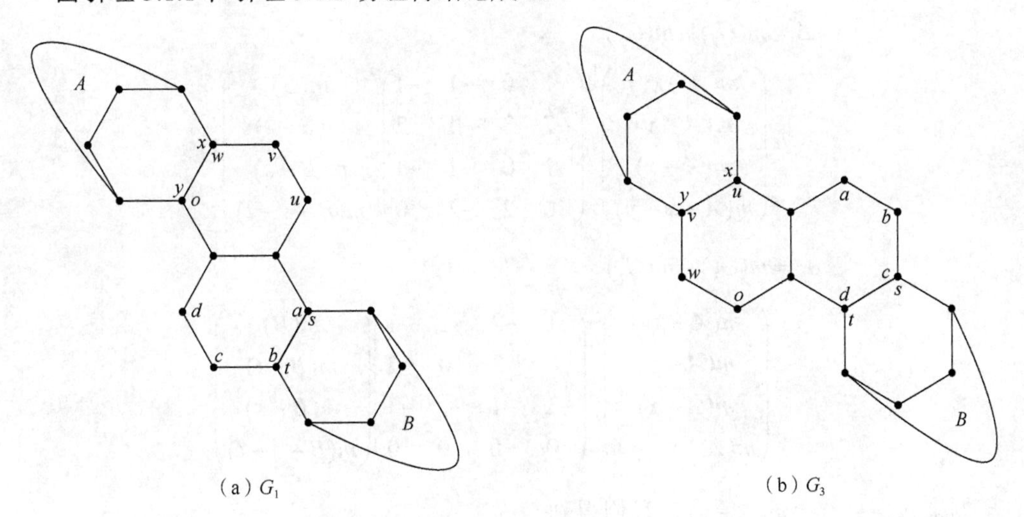

(a) G_1　　(b) G_3

图 5.3.1　图 G_1 和图 G_3

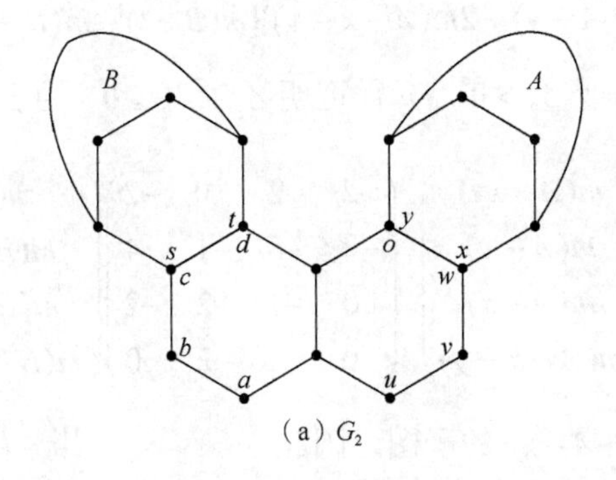

(a) G_2

图 5.3.2　图 G_2 和图 G_4

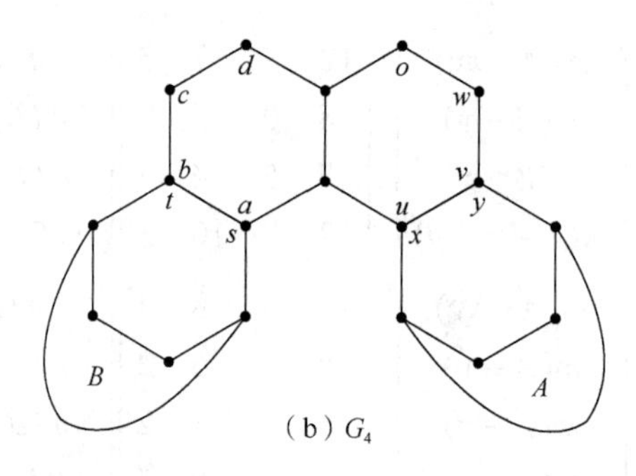

（b）G_4

图 5.3.2 （续）

引理 5.3.2 假设$G_i(i=1,2,3,4)$的定义和引理 5.3.1 一致，那么

（1）$m(G_1)>m(G_2)$或$m(G_3)>m(G_2)$；

（2）$m(G_1)>m(G_4)$或$m(G_3)>m(G_4)$.

证明 （1）不妨设$m(B-t)\geqslant m(B-s)$. 由引理 5.3.1，我们得到

$$\varDelta_1=m(G_1)-m(G_2)$$

$$=\begin{pmatrix} m(A-xy) \\ m(A-y) \\ m(A-x) \\ m(A-x-y) \end{pmatrix}^{\mathrm{T}} \begin{pmatrix} 1 & 0 & -1 & -1 \\ -2 & 3 & -1 & 2 \\ 1 & 0 & -1 & -1 \\ 0 & 2 & -2 & 0 \end{pmatrix} \begin{pmatrix} m(B) \\ m(B-t) \\ m(B-s) \\ m(B-s-t) \end{pmatrix},$$

$$\varDelta_2=m(G_3)-m(G_2)$$

$$=\begin{pmatrix} m(A-xy) \\ m(A-y) \\ m(A-x) \\ m(A-x-y) \end{pmatrix}^{\mathrm{T}} \begin{pmatrix} 1 & -2 & 1 & -1 \\ 0 & 3 & 0 & 2 \\ -1 & -1 & -1 & -1 \\ 0 & 0 & 0 & 0 \end{pmatrix} \begin{pmatrix} m(B) \\ m(B-t) \\ m(B-s) \\ m(B-s-t) \end{pmatrix}.$$

如果$m(A-x)\geqslant m(A-y)$，我们得到

$$\varDelta_1>[3m(A-y)+2m(A-x-y)][m(B-t)-m(B-s)]>0.$$

否则，要证明$\varDelta_1>0$或$\varDelta_2>0$，只需证明$\varDelta_1+\varDelta_2>0$. 由于

$$\varDelta_1+\varDelta_2=\begin{pmatrix} m(A-xy) \\ m(A-y) \\ m(A-x) \\ m(A-x-y) \end{pmatrix}^{\mathrm{T}} \begin{pmatrix} 2 & -2 & 0 & -2 \\ -2 & 6 & -1 & 4 \\ 0 & -1 & -2 & -2 \\ 0 & 2 & -2 & 0 \end{pmatrix} \begin{pmatrix} m(B) \\ m(B-t) \\ m(B-s) \\ m(B-s-t) \end{pmatrix},$$

且图$A-x$和图$A-y$都是$A-xy$的子图，因此

$$\varDelta_1+\varDelta_2>[3m(A-y)+2m(A-x-y)][m(B-t)-m(B-s)]>0.$$

如果 $m(B-t) \leqslant m(B-s)$，证明与上述证明过程相似.

（2）同理可证

$$m(G_1) > m(G_4) \text{ 或 } m(G_3) > m(G_4),$$

所以引理 5.3.2 成立.

定理 5.3.1　假设 $T_{\max}$ 是所有树形苯环系统 $\varPhi$ 中 Hosoya 指标取得最大值的图，那么 B_n 一定是 zig-zag 苯环链.

证明　假设 B_n 不是 zig-zag 苯环链. 设

$$T_{\max} = \{T_1(p_1,q_1) \otimes B_n(u_1,v_1)\}(u_2,v_2) \otimes T_2(p_2,q_2)$$

是所有树形苯环系统 $\varPhi$ 中 Hosoya 指标取得最大值的图，$B_n = C_1C_2\cdots C_k$，其中 k 是最小的正整数，以使 $B_k = C_1C_2\cdots C_k (3 \leqslant k \leqslant n)$ 不是 zig-zag 苯环链，那么

$$B_n = \{Z_{k-3}(x_{k-3},y_{k-3}) \otimes L_2(w,o)\}(c,d) \otimes \{B_n - Z_{k-1}\}(x_{k-1},y_{k-1})$$

或

$$B_n = \{Z_{k-3}(x_{k-3},y_{k-3}) \otimes L_2(w,o)\}(b,c) \otimes \{B_n - Z_{k-1}\}(x_{k-1},y_{k-1}).$$

设 $A = T_1(p_1,q_1) \otimes Z_{k-3}(u_1,v_1)$ 和 $B = \{B_n - Z_{k-1}\}(u_2,v_2) \otimes T_2(p_2,q_2)$，那么设

$$T_{\max} = \{A(x_{k-3},y_{k-3}) \otimes L_2(w,o)\}(b,c) \otimes B(x_{k-1},y_{k-1}).$$

或

$$T_{\max} = \{A(x_{k-3},y_{k-3}) \otimes L_2(w,o)\}(c,d) \otimes B(x_{k-1},y_{k-1}).$$

由引理 5.2.3 和引理 5.3.2，我们得到

$$m(\{A(x_{k-3},y_{k-3}) \otimes L_2(w,o)\}(a,b) \otimes B(x_{k-1},y_{k-1})) > m(T_{\max})$$

或

$$m(\{A(x_{k-3},y_{k-3}) \otimes L_2(u,v)\}(c,d) \otimes B(x_{k-1},y_{k-1})) > m(T_{\max}).$$

由于

$$\{A(X_{k-3},y_{k-3}) \otimes L_2(w,0)\}(a,b) \otimes B(x_{k-1},y_{k-1}),$$
$$\{A(x_{k-3},y_{k-3}) \otimes L_2(u,v)\}(c,d) \otimes B(x_{k-1},y_{k-1}) \in \varPhi$$

与假设矛盾，所以定理的结论成立.

同理，我们可以得到以下定理.

定理 5.3.2　假设 $T_{\min}$ 是所有树形苯环系统 $\varPhi$ 中 Hosoya 指标取得最小值的图，那么

B_n 一定是线性苯环链.

定理 5.3.3 假设 $T \in T_n$，且苯环数目为 n，则一定存在一个 $z^* \in Z^*$，使得 $m(T) \leqslant m(z^*)$.

证明 假设不存在，则 T 一定存在一个分支或 Υ-子图不是 zig-zag 苯环链. 由定理 5.3.2 可知，存在一个树形苯环系统 T'，它是由 T 通过把其分支或 Υ-子图用相等数目的 zig-zag 苯环链替换得到的图，使得 $m(T') > m(T)$. 重复操作，最终我们得到一个树形苯环系统图 $z^* \in Z^*$，使得 $m(z^*) > m(T)$. 与假设矛盾，所以定理结论成立.

同理，我们可以得到以下定理.

定理 5.3.4 假设 $T \in T_n$，且苯环数目为 n，则有 $m(T) \geqslant m(L^*)$，当且仅当 $T \cong L^*$ 等号成立.

推论 1 假设 $S(n_1, n_2, n_3)$ 是三叉树形苯环系统中 Hosoya 指标取得最大值的图，那么 $S(n_1, n_2, n_3)$ 是一个 zig-zag 三叉树形苯环系统.

推论 2 假设 $S(n_1, n_2, n_3)$ 是三叉树形苯环系统中 Hosoya 指标取得最小值的图，那么 $S(n_1, n_2, n_3)$ 一定是一个线性三叉树形苯环系统.

推论 3 假设 $B_n \in \Psi_n$，如果 B_n 不是 L_n 和 Z_n，那么 $m(L_n) < m(B_n) < m(Z_n)$，参见图 5.3.3.

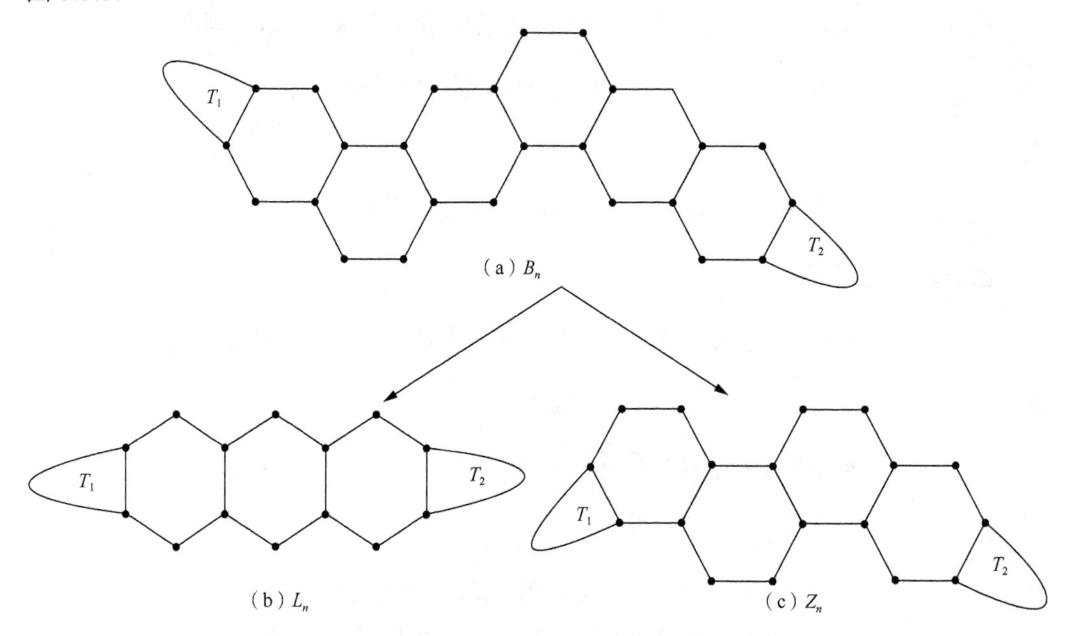

图 5.3.3 图 B_n、图 L_n 和图 Z_n

5.4　zig-zag 树形苯环系统 Hosoya 指标的上、下界

在本节中，我们将研究并确定 zig-zag 树形苯环系统 Hosoya 指标的上、下界. 下面先给出几个重要的引理.

引理 5.4.1　假设图 Z_n 是一个苯环数为 n 的 zig-zag 苯环链（图 5.4.1），那么

$$\begin{pmatrix} m(Z_k) \\ m(Z_k - x_k') \\ m(Z_k - x_k) \\ m(Z_k - x_k - y_k) \\ m(Z_k - y_k - y_k') \\ m(Z_k - x_k - y_k' - y_k) \\ m(Z_k - x_k - y_k - x_k') \end{pmatrix} = \begin{pmatrix} 5 & 3 & 3 & 2 \\ 3 & 2 & 0 & 0 \\ 2 & 1 & 2 & 1 \\ 2 & 1 & 0 & 0 \\ 2 & 0 & 1 & 0 \\ 1 & 0 & 1 & 0 \\ 1 & 1 & 0 & 0 \end{pmatrix} = \begin{pmatrix} m(Z_{k-1}) \\ m(Z_{k-1} - x_{k-1}) \\ m(Z_{k-1} - x_{k-1}') \\ m(Z_{k-1} - x_{k-1} - x_{k-1}') \end{pmatrix}.$$

证明　由引理 5.1.1 和引理 5.1.2，易证引理结论成立.

引理 5.4.2　假设表示符号和引理 5.4.1 一致，并且设 Z_k 是一个数目为 k 的 zig-zag 苯环链 $(k \geqslant 3)$，那么：

（1）$m(Z_k - x_k' - x_k) < m(C_6)m(Z_{k-2}) + m(P_5)m(Z_{k-2} - x_{k-2})$；

（2）$m(Z_k - x_k' - x_k - y_k) > m(P_5)m(Z_{k-2}) + m(P_4)\ m(Z_{k-2} - x_{k-2})$；

（3）$2m(Z_{k-1} - y_{k-1}) + m(Z_{k-1} - y_{k-1} - y_{k-1}')$
$< m(C_6)m(Z_{k-2} - x_{k-2}') + m(P_5)m(Z_{k-2} - x_{k-2} - x_{k-2}')$；

（4）$m(Z_{k-1} - y_{k-1}) + m(Z_{k-1} - y_{k-1} - y_{k-1}') + m(Z_k - x_k' - x_k)$
$< m(C_6)m(Z_{k-2}) + m(P_5)m(Z_{k-2} - x_{k-2})$
$+m(P_5)m(Z_{k-2} - x_{k-2}) + m(P_4)m(Z_{k-2} - x_{k-2} - x_{k-2}')$.

这里的 C_m 和 $P_m\,(m = 3,4,5,6)$ 分别是顶点数为 m 的圈和路.

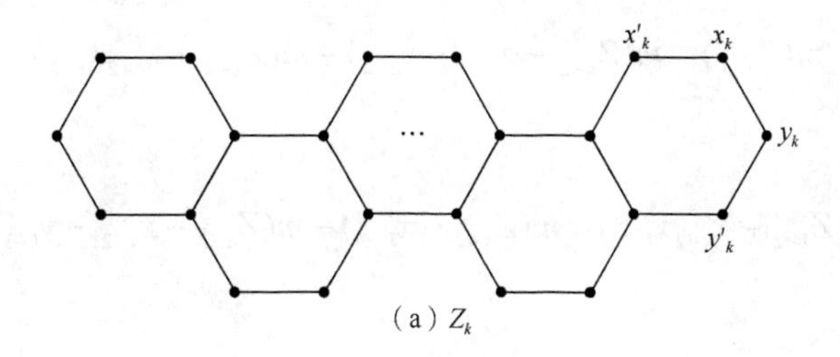

(a) Z_k

图 5.4.1　图 Z_k 和图 Z_{k-1}

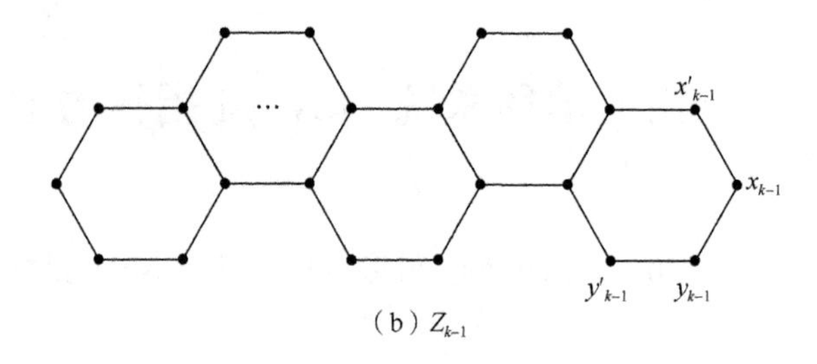

（b）Z_{k-1}

图 5.4.1 （续）

证明 （1）令

$$f_1(k)=m(Z_k),\ f_2(k)=m(Z_k-x_k'),$$
$$f_3(k)=m(Z_k-x_k),\ f_4(k)=m(Z_k-x_k-x_k'),$$
$$f_5(k)=m(Z_k-y_k'),\ f_6(k)=m(Z_k-y_k),$$
$$f_7(k)=m(Z_k-y_k-y_k'),\quad f_8(k)=m(Z_k-x_k-y_k-y_k'),$$
$$f_9(k)=m(Z_k-x_k-y_k-x_k').$$

将引理 5.4.1 的操作应用到图 $Z_k-x_k'-x_k$, Z_{k-2} 和图 $Z_{k-2}-x_{k-2}$，我们得到

$$\begin{aligned}&m(Z_k-x_k'-x_k)=f_4(k)\\&=2f_1(k-1)+f_3(k-1)\\&=12f_1(k-2)+8f_2(k-2)+7f_3(k-2)+5f_4(k-2)\end{aligned}$$

和

$$m(C_6)m(Z_{k-2})+m(P_5)m(Z_{k-2}-x_{k-2})=18f_1(k-2)+8f_3(k-2).$$

对 $k\geqslant 3$，我们有

$$\begin{aligned}\varDelta_1&=m(C_6)m(Z_{k-2})+m(P_5)m(Z_{k-2}-x_{k-2})-m(Z_k-x_k'-x_k)\\&=6f_1(k-2)-8f_2(k-2)+f_3(k-2)-5f_4(k-2).\end{aligned}$$

由引理 5.4.1，我们得到

$$m(Z_{k-2})=m(Z_{k-2}-x_{k-2}'-x_{k-2})+m(Z_{k-2}-x_{k-2}'x_{k-2})$$

和

$$m(Z_{k-2}-x_{k-2}'x_{k-2})=m(Z_{k-2}-x_{k-2}')+m(Z_{k-2}-x_{k-2}-y_{k-3}).$$

因此

$$\begin{aligned}\varDelta_1&=6f_1(k-2)-8f_2(k-2)+f_3(k-2)-5f_4(k-2)\\&=f_3(k-2)+f_4(k-2)+4m(Z_{k-2}-x_{k-2}'-y_{k-3})\\&\quad-2m(Z_{k-2}-x_{k-2}'-y_{k-3}-y_{k-3}').\end{aligned}$$

由于 $Z_{k-2}-x'_{k-2}-y_{k-3}-y'_{k-3}$ 是 $Z_{k-2}-x'_{k-2}-y_{k-3}$ 的真子图，因此

$$m(Z_{k-2}-x'_{k-2}-y_{k-3})>m(Z_{k-2}-x'_{k-2}-y_{k-3}-y'_{k-3}).$$

因此 $\varDelta_1>0$.

（2）和结论（1）的证明过程相似，我们得到

$$m(Z_k-x'_k-x_k-y_k)=f_9(k)=f_1(k-1)+f_3(k-1).$$

同理，将引理 5.4.1 的操作应用到图 Z_{k-1} 和图 $Z_{k-1}-x_{k-1}$，我们得到

$$f_1(k-1)-f_3(k-1)=7f_1(k-2)+5f_2(k-2)+4f_3(k-2)+3f_4(k-2)$$

和

$$m(P_5)m(Z_{k-2})+m(P_4)m(Z_{k-2}-X_{k-2})=8f_1(k-2)+5f_3(k-2).$$

因此

$$\begin{aligned}\varDelta_2&=m(P_5)m(Z_{k-2})+m(P_4)m(Z_{k-2}-X_{k-2})-m(Z_k-x'_k-x_k-y_k)\\&=f_1(k-2)-5f_2(k-2)+f_3(k-2)-3f_4(k-2).\end{aligned}$$

注意到

$$\begin{aligned}m(Z_{k-2})&=m(Z_{k-2}-x'_{k-2}x_{k-2})+m(Z_{k-2}-x'_{k-2}-x_{k-2})\\m(Z_{k-2}-x'_{k-2}x_{k-2})&=m(Z_{k-2}-x'_{k-2})+m(Z_{k-2}-x'_{k-2}-y_{k-3}),\end{aligned}$$

我们得到

$$\begin{aligned}\varDelta_2&=f_1(k-2)-5f_2(k-2)+f_3(k-2)-3f_4(k-2)\\&=m(Z_{k-2}-x'_{k-2}-y_{k-3})+m(Z_{k-2}-x'_{k-2}-x_{k-2}-y_{k-3})\\&\quad-4f_2(k-2)-4f_4(k-2).\end{aligned}$$

由于 $Z_{k-2}-x'_{k-2}-y_{k-3}$ 和 $Z_{k-2}-x'_{k-2}-x_{k-2}-y_{k-3}$ 是 $Z_{k-2}-x'_{k-2}$ 的真子图，因此

$$\begin{aligned}m(Z_{k-2}-x'_{k-2}-y_{k-3})&<m(Z_{k-2}-x'_{k-2})\\m(Z_{k-2}-x'_{k-2}-x_{k-2}-y_{k-3})&<m(Z_{k-2}-x'_{k-2}).\end{aligned}$$

因此 $\varDelta_2<0$.

（3）同结论（1）、（2）的证明过程相似，由引理 5.4.1，我们得到

$$\begin{aligned}&m(C_6)m(Z_{k-2}-x'_{k-2})+m(P_5)m(Z_{k-2}-x'_{k-2}-x_{k-2})\\&=18f_2(k-2)+8f_4(k-2)\\&\quad 2m(Z_{k-1}-y_{k-2})+m(Z_{k-1}-y'_{k-1}-y_{k-1})\\&=6f_1(k-2)+3f_2(k-2)+4f_3(k-2)+2f_4(k-2).\end{aligned}$$

因此

$$\begin{aligned}\varDelta_3&=m(C_6)m(Z_{k-2}-x'_{k-2})+m(P_5)m(Z_{k-2}-x'_{k-2}-x_{k-2})\\&\quad-2m(Z_{k-1}-y_{k-2})-m(Z_{k-1}-y'_{k-1}-y_{k-1})\\&=-6f_1(k-2)+15f_2(k-2)-4f_3(k-2)+6f_4(k-2).\end{aligned}$$

由于 $m(Z_{k-2})=m(Z_{k-2}-x'_{k-2}x_{k-2})+m(Z_{k-2}-x'_{k-2}-y_{k-3})$，因此

$$\begin{aligned}\varDelta_3&=-6f_1(k-2)+15f_2(k-2)-4f_3(k-2)+6f_4(k-2)\\&=9m(Z_{k-2}-x'_{k-2}y_{k-3})-m(Z_{k-2}-x'_{k-2}-x_{k-2}-y_{k-3})\\&\quad-4m(Z_{k-2}-x'_{k-2}-x_{k-2}-x_{k-3}y_{k-3})\\&\quad-4m(Z_{k-2}-x'_{k-2}-x_{k-2}-x_{k-3}-y_{k-3}).\end{aligned}$$

由于 $Z_{k-2}-x'_{k-2}-x_{k-2}-y_{k-3},Z_{k-2}-x'_{k-2}-x_{k-3}-y_{k-3}$ 和 $Z_{k-2}-x'_{k-2}-x_{k-2}-x_{k-3}y_{k-3}$ 是 $Z_{k-2}-x'_{k-2}y_{k-3}$ 的真子图，因此

$$m(Z_{k-2}-x'_{k-2}-x_{k-2}-y_{k-3})<m(Z_{k-2}-x'_{k-2}y_{k-3}),$$
$$m(Z_{k-2}-x'_{k-2}-x_{k-3}-y_{k-3})<m(Z_{k-2}-x'_{k-2}y_{k-3}),$$
$$m(Z_{k-2}-x'_{k-2}-x_{k-2}-x_{k-3}y_{k-3})<m(Z_{k-2}-x'_{k-2}y_{k-3}).$$

因此 $\varDelta_3>0$.

（4）同理，我们得到

$$\begin{aligned}\varDelta_4&=m(C_6)m(Z_{k-2})+m(P_5)m(Z_{k-2}-x_{k-2})\\&\quad+m(P_5)m(Z_{k-2}-x'_{k-2})+m(P_4)m(Z_{k-2}-x_{k-2}-x'_{k-2})\\&\quad-m(Z_{k-1}-y_{k-1})-m(Z_{k-1}-y_{k-1}-y'_{k-1})-m(Z_k-x'_k-x_k)\\&>0.\end{aligned}$$

所以引理 5.4.2 的结论成立.

定理 5.4.1 对任意的 $t\in T$ 和 $k\geqslant 3$，有：

（1） $m(T(s,t)\otimes Z_k(x'_k,x_k))<m(T(s,t)\otimes Z_k(x'_{k-1},x_{k-1}))$；

（2） $m(T(s,t)\otimes Z_k(x'_k,y_k))<m(T(s,t)\otimes Z_k(x'_{k-1},x_{k-1}))$；

（3） $m(T(s,t)\otimes Z_k(y_k,y'_k))<m(T(s,t)\otimes Z_k(x'_{k-1},x_{k-1}))$.

证明 由引理 5.4.1 和引理 5.4.2，我们得到

$$\begin{aligned}&m(T(s,t)\otimes Z_k(x'_{k-1},x_{k-1}))\\&=m(T-st)[18f_1(k-2)+8f_3(k-2)]\\&\quad+m(T-t)[8f_1(k-2)+5f_3(k-2)]+m(T-s)[18f_2(k-2)+8f_4(k-2)]\\&\quad+m(T-t-s)[18f_1(k-2)+8f_3(k-2)]8[f_2(k-2)+5f_4(k-2)],\end{aligned}$$

$$\begin{aligned}&m(T(s,t)\otimes Z_k(x_k,x_k))\\&=m(T-s-t)f_4(k-2)+m(T-t)f_9(k-2)+m(T-s)\\&\quad\times[2f_6(k-1)+f_7(k-1)]\\&\quad+m(T-t-s)[f_6(k-1)+f_7(k-1)+f_4(k)].\end{aligned}$$

因此

$$\begin{aligned}\varDelta_5&=m(T(s,t)\otimes Z_k(x'_{k-1},x_{k-1}))-m(T(s,t)\otimes Z_k(x'_k,x_k))\\&=\varDelta_1m(T-st)+\varDelta_2m(T-t)+\varDelta_3m(T-s)+\varDelta_4m(T-s-t).\end{aligned}$$

根据引理 5.4.1 和引理 5.4.2，我们得到 $\varDelta_i > 0(i=1,3,4), \varDelta_2 < 0$ 和 $m(T-t) = m(T-t-s) + m(T-t-s-N_s)$，因此

$$\varDelta_5 > (\varDelta_1 + 2\varDelta_2 + \varDelta_3 + \varDelta_4) m(T-t-s).$$

和引理 5.4.2 的证明过程相似，我们得到 $\varDelta_1 + 2\varDelta_2 + \varDelta_3 + \varDelta_4 > 0$，因此 $\varDelta_5 > 0$.

同理，我们可以得到

$$m(T(s,t) \otimes Z_k(x'_k, x_k)) < m(T(s,t) \otimes Z_k(x'_{k-1}, x_{k-1})),$$
$$m(T(s,t) \otimes Z_k(y_k, y'_k)) < m(T(s,t) \otimes Z_k(x'_{k-1}, x_{k-1})),$$

所以定理 5.4.1 的结论成立.

推论　对任意的 $k \geqslant 3$ 和 $n > 0$，有：

（1）$m(L_n(s,t) \otimes Z_k(x'_k, x_k)) < m(L_n(s,t) \otimes Z_k(x'_{k-1}, x_{k-1}))$；

（2）$m(L_n(s,t) \otimes Z_k(y_k, y'_k)) < m(L_n(s,t) \otimes Z_k(x'_{k-1}, x_{k-1}))$.

我们用 Z_n^* 表示所有苯环数目为 n 的 zig-zag 树形苯环系统，对于给定的 $z^* \in Z_n^*$，用图 $Z^{\perp}$ 表示由图 Z_n^* 的每个分支通过变换 I 得到的图（图 5.4.2）.

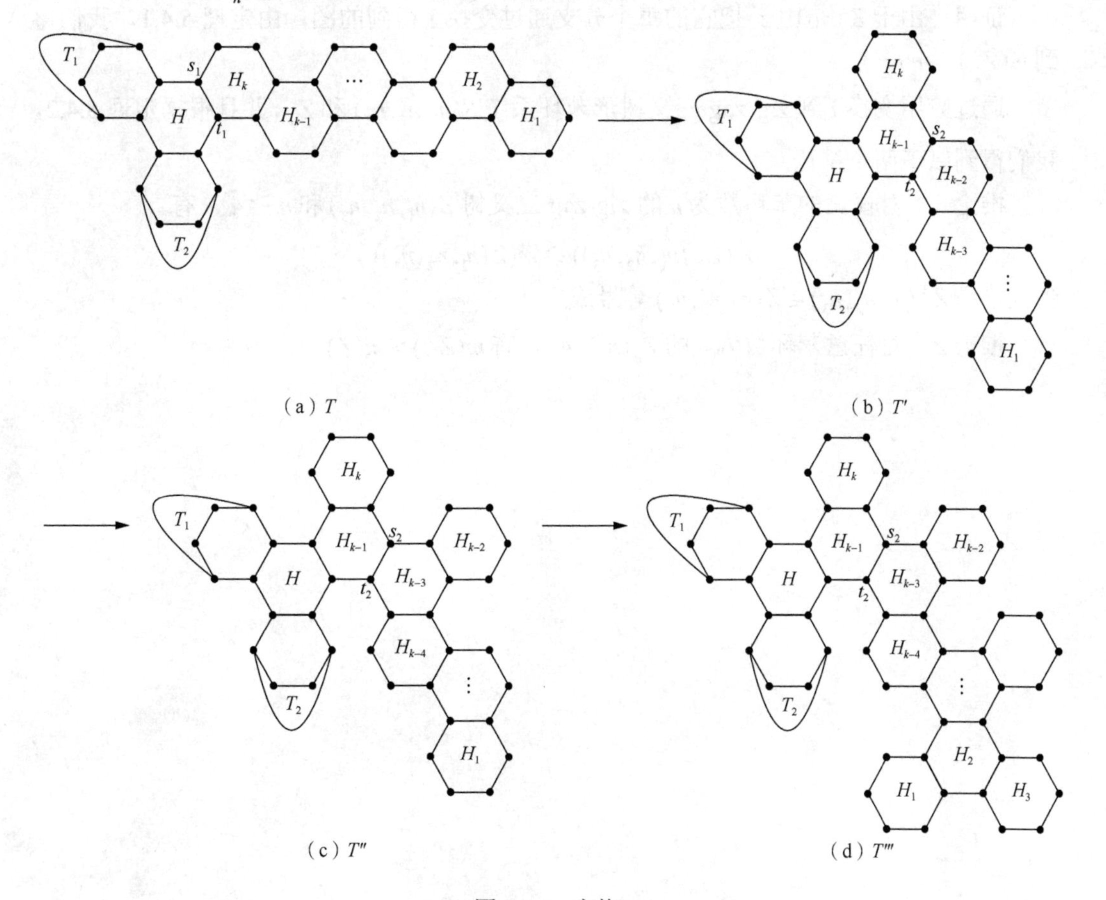

图 5.4.2　变换 I

或

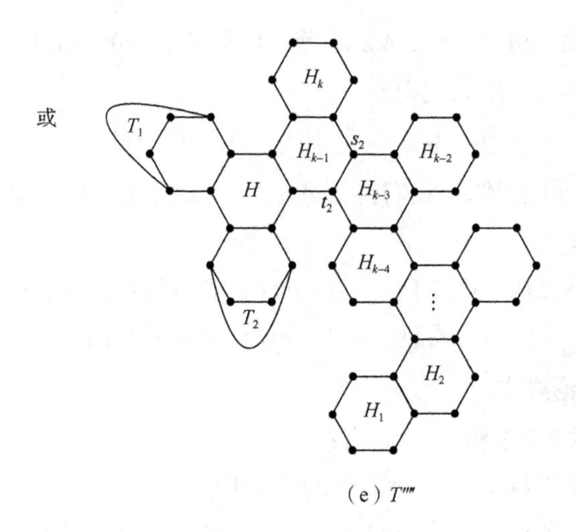

（e）T''''

图 5.4.2（续）

定理 5.4.2 对任意的 $z^* \in Z_n^*, n \geqslant 4$，有 $m(Z^{\perp}) \geqslant m(z^*)$.

证明 由于 $Z^{\perp}$ 是由 z^* 把它的每个分支通过变换 I 得到的图，由定理 5.4.1，我们得到 $m(Z^{\perp}) \geqslant m(z^*)$.

通过应用变换 I 到 zig-zag 三叉树形苯环系统 $S(n_1, n_2, n_3)$ 和 Z_n，并且根据定理 5.4.2，我们得到以下两个推论.

推论 1 对任意的苯环数为 n 的 zig-zag 三叉树 $Z(n_1, n_2, n_3)$ 和 $n \geqslant 4$，有

$$m(Z^{\perp}(n_1, n_2, n_3)) \geqslant m(Z(n_1, n_2, n_3)),$$

当且仅当 $Z^{\perp}(n_1, n_2, n_3) \cong Z(n_1, n_2, n_3)$ 等号成立.

推论 2 对任意苯环数为 n 的 $Z_n(n \geqslant 4)$，有 $m(Z^{\perp}) > m(Z)$.

第 6 章　聚苯环系统 Hosoya 指标的计算公式

在本章中，我们给出几类聚苯环系统 Hosoya 指标的计算公式及其取得最值时的图. 其中，6.1 节介绍聚苯链 Hosoya 指标的计算公式；6.2 节介绍三叉聚苯环系统的 Hosoya 指标；6.3 节介绍两类四叶聚苯环系统的 Hosoya 指标.

6.1　聚苯链 Hosoya 指标的计算公式

本节中，我们介绍三类三叉聚苯环系统 Hosoya 指标的计算公式. 首先给出聚苯链的严格定义.

如果两条割边将苯环分割成的两个顶点集合的阶数中，每个都是 0 和 4，则称此聚苯链为 Z 型聚苯链，记作 Z_n；如果两条割边将苯环分割成的两个顶点集合的阶数中，每个都是 1 和 3，则称此聚苯链为 S 型聚苯链，记作 S_n；如果两条割边将苯环分割成的两个顶点集合的阶数中，每个都是 2，则称此聚苯链为 L 型聚苯链，记作 L_n（图 6.1.1）.

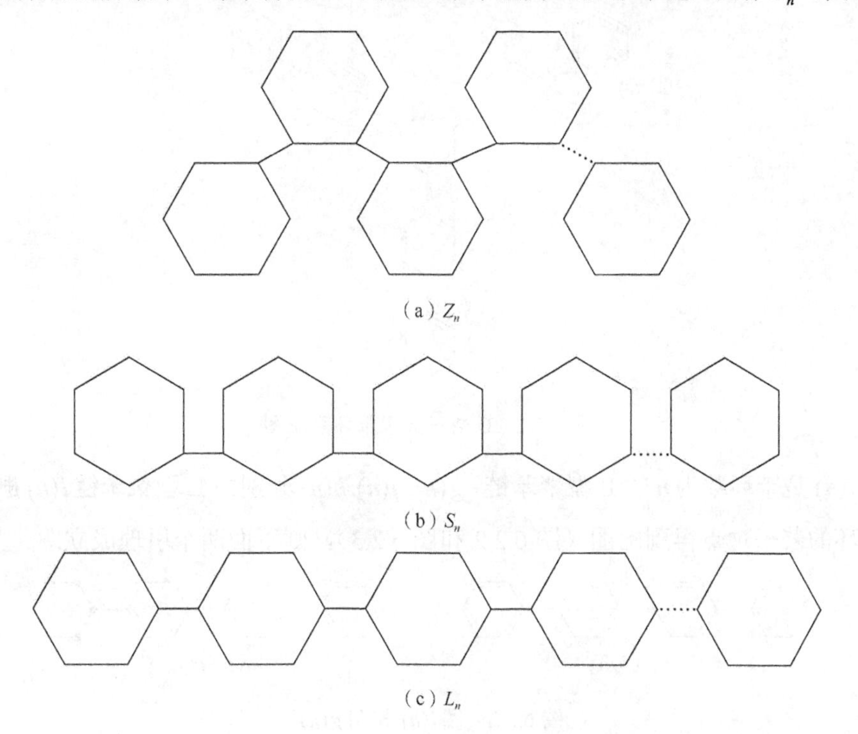

（a）Z_n

（b）S_n

（c）L_n

图 6.1.1　图 Z_n、图 S_n 和图 L_n

定理 6.1.1[42] 设 Z_n, S_n, L_n 是如图 6.1.1 所示的聚苯链，则有：

（1）$m(Z_n)=(18 \quad 8)\begin{pmatrix}18 & 8\\ 8 & 5\end{pmatrix}^{n-2}\begin{pmatrix}18\\ 8\end{pmatrix}$；

（2）$m(S_n)=(18 \quad 8)\begin{pmatrix}18 & 8\\ 8 & 3\end{pmatrix}^{n-2}\begin{pmatrix}18\\ 8\end{pmatrix}$；

（3）$m(L_n)=(18 \quad 8)\begin{pmatrix}18 & 8\\ 8 & 4\end{pmatrix}^{n-2}\begin{pmatrix}18\\ 8\end{pmatrix}$.

6.2 三叉聚苯环系统的 Hosoya 指标

图族聚苯环系统是将相邻苯环被 P_2 路点粘接得到的 n 个苯环的图. 称苯环与 P_2 路点粘接的面数为苯环的环度. 环度为 1 的聚苯环称为三叉聚苯环系统图. 在三叉聚苯环系统图中有除环度为 1 的聚苯环之外的 3 个分支，如果 3 个分支都是 L 型聚苯链，则称为 L 型三叉聚苯环系统图（图 6.2.1），记为 $L(k_1,k_2,k_3)$. 如果 3 个分支都是 S 型聚苯链，则称为 S 型三叉聚苯环系统图，记为 $S(k_1,k_2,k_3)$. 如果 3 个分支都是 Z 型聚苯链，则称为 Z 型三叉聚苯环系统图，记为 $Z(k_1,k_2,k_3)$.

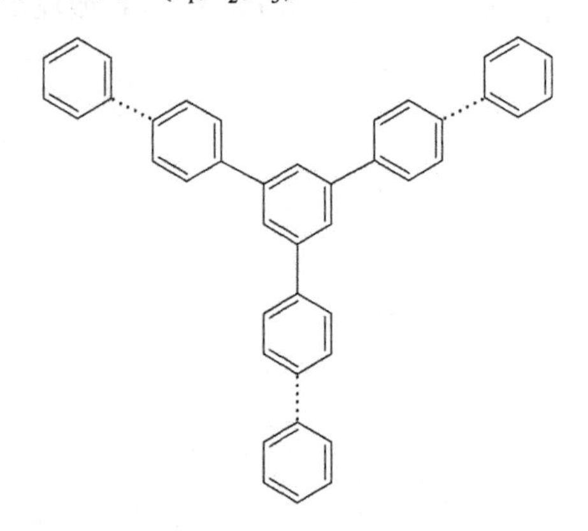

图 6.2.1 L 型三叉聚苯环系统图

设 $l(n)$ 是苯环数为 n 的 L 型聚苯链，$g(n), q(n), h(n)$ 分别由 L 型聚苯链 $l(n)$ 删除最后一个苯环的若干顶点得到的图（图 6.2.2 和图 6.2.3），则下面两个引理成立.

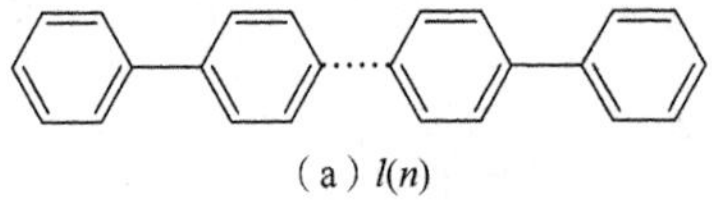

（a）$l(n)$ 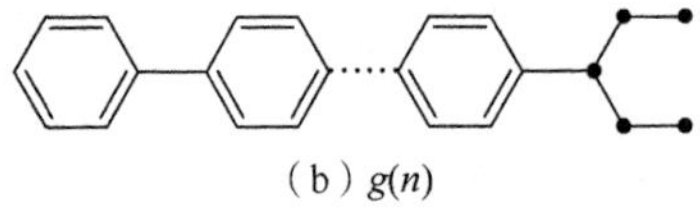 （b）$g(n)$

图 6.2.2 图 $l(n)$ 和图 $g(n)$

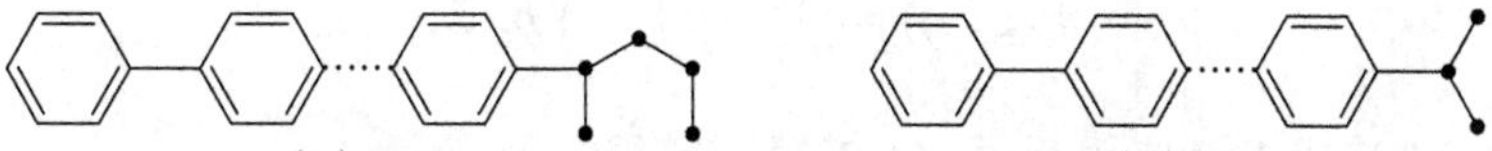

(a) $q(n)$　　(b) $h(n)$

图 6.2.3　图 $q(n)$ 和图 $h(n)$

引理 6.2.1[42]　设 $l(n)$ 是苯环数为 n 的 L 型多肽聚苯链，则：

$$m(l(n))=(18\quad 8)\begin{pmatrix}18 & 8\\ 8 & 4\end{pmatrix}^{n-2}\begin{pmatrix}18\\ 8\end{pmatrix}$$

$$=\frac{21922+2062\sqrt{113}}{113}\lambda_1^{\,n-2}+\frac{21922-2062\sqrt{113}}{113}\lambda_2^{\,n-2}.$$

其中，$\lambda_1=11+\sqrt{113}$，$\lambda_2=11-\sqrt{113}$.

引理 6.2.2　设 $g(n),q(n),h(n),l(n)$ 是苯环数为 n 的 L 型多肽聚苯链，则：

（1）$m(g(n))=8m(l(n-1))+4m(g(n-1))$；

（2）$m(q(n))=8m(l(n-1))+3m(g(n-1))$；

（3）$m(h(n))=3m(l(n-1))+m(g(n-1))$.

证明　由引理 5.1.1 和引理 5.1.2 易证得结论成立.

定理 6.2.1　设 $g(n),q(n),h(n)$ 是苯环数为 n 的 L 型多肽聚苯链，则：

（1）$m(g(n))=\dfrac{(175376+16496\sqrt{113})}{113(\lambda_1-4)}\lambda_1^{n-2}+\dfrac{(175376-16496\sqrt{113})}{113(\lambda_2-4)}\lambda_2^{n-2}$；

（2）$m(q(n))=8\left[\dfrac{(452226+42542\sqrt{113})}{113(\lambda_1-4)}\lambda_1^{n-3}+\dfrac{(452226-42542\sqrt{113})}{113(\lambda_2-4)}\lambda_2^{n-3}\right]$；

（3）$m(h(n))=\dfrac{(1334756+125564\sqrt{113})}{113(\lambda_1-4)}\lambda_1^{n-3}+\dfrac{(1334756-125564\sqrt{113})}{113(\lambda_2-4)}\lambda_2^{n-3}$.

其中，$\lambda_1=11+\sqrt{113}$，$\lambda_2=11-\sqrt{113}$.

证明　（2）和（3）由引理 6.2.1、引理 6.2.2 和定理 6.2.1（1）的结论很容易证明. 这里我们只证明（1），由引理 6.2.1 和引理 6.2.2，我们得到

$$m(g(n))=8m(l(n-1))+4m(g(n-1)).\tag{6.2.1}$$

由引理 6.2.1，将 $m(l(n-1))=\dfrac{21922+2062\sqrt{113}}{113}\lambda_1^{n-3}+\dfrac{21922-2062\sqrt{113}}{113}\lambda_2^{n-3}$ 代入式（6.2.1）得到

$$m(g(n))-4m(g(n-1))=8\left(\frac{21922+2062\sqrt{113}}{113}\lambda_1^{n-3}+\frac{21922-2062\sqrt{113}}{113}\lambda_2^{n-3}\right).\tag{6.2.2}$$

根据定理 2.2.1 可知，常系数齐次递归关系式 $m(g(n))-4m(g(n-1))=0$ 的解为 4^n，那么常系数非齐次递归关系式（6.2.2）的解可设为

$$m(g(n)) = c4^n + a\lambda_1^{n-3} + b\lambda_2^{n-3}. \tag{6.2.3}$$

将式（6.2.3）代入递归关系式（6.2.2），解得

$$\begin{cases} a = \dfrac{(175376 + 16496\sqrt{113})\lambda_1}{113(\lambda_1 - 4)}; \\ b = \dfrac{(175376 - 16496\sqrt{113})\lambda_2}{113(\lambda_2 - 4)}. \end{cases} \tag{6.2.4}$$

将初始值 $m(g(4)) = 82368$ 代入上式，解得 $c = 0$. 因此定理 6.2.1（1）的结论成立.

定理 6.2.2 设 $L(i, j, k)$ 表示 n 个苯环的 L 型三叉树多肽聚苯环图，则

$$\begin{aligned} m(L(i,j,k)) &= m(l(k))m(l(i))m(l(j)) + m(l(k))m(g(i))m(q(j)) \\ &\quad + m(g(k))m(l(i))m(q(j)) + m(g(k))m(g(i))m(h(j)). \end{aligned}$$

证明 由引理 5.1.1 和引理 5.1.2 易证定理结论成立.

定理 6.2.3 设 $L(i, j, k)$ 表示 n 个苯环的 L 型三叉树多肽聚苯环图，则

$$\begin{aligned} m(L(i,j,k)) &= \frac{(10961 + 1031\sqrt{113})^2(12937331 + 814315\sqrt{113})}{4 \times 113^3}\lambda_1^{k+i+j-7} \\ &\quad + \frac{1024}{113^2}(39324 + 3700\sqrt{113})(\lambda_1^{k+j-5}\lambda_2^{i-2} + \lambda_1^{i+j-5}\lambda_2^{k-2}) \\ &\quad + \frac{(26150912 - 2455552\sqrt{113})}{113^2}\lambda_1^{j-3}\lambda_2^{k+i-4} \\ &\quad + \frac{(21922 + 2062\sqrt{113})(1995598080 + 186592512\sqrt{113})}{113^3}\lambda_1^{k+i-4}\lambda_2^{j-3} \\ &\quad + \frac{1024}{113^2}(39324 - 3700\sqrt{113})(\lambda_1^{k-2}\lambda_2^{i+j-5} + \lambda_1^{i-2}\lambda_2^{k+j-5}) \\ &\quad + \frac{(21922 + 2062\sqrt{113})^2(675966 - 63590\sqrt{113})}{113^3}\lambda_2^{k+i+j-7}. \end{aligned}$$

证明 令

$$a = \frac{21922 + 2062\sqrt{113}}{113},\quad b = \frac{21922 - 2062\sqrt{113}}{113},\quad c = \frac{175376 + 16496\sqrt{113}}{113(\lambda_1 - 4)},$$

$$d = \frac{175376 - 16496\sqrt{113}}{113(\lambda_2 - 4)},\quad e = \frac{452226 + 42542\sqrt{113}}{113(\lambda_1 - 4)},\quad w = \frac{452226 - 42542\sqrt{113}}{113(\lambda_2 - 4)},$$

$$u = \frac{1334756 + 125564\sqrt{113}}{113(\lambda_1 - 4)},\quad v = \frac{1334756 - 125564\sqrt{113}}{113(\lambda_2 - 4)},$$

将定理 6.2.1 和引理 6.2.1 的公式代入定理 6.2.2，我们得到

$$
\begin{aligned}
m(L(i,j,k)) &= (a\lambda_1^{k-2}+b\lambda_2^{k-2})(a\lambda_1^{i-2}+b\lambda_2^{i-2})(a\lambda_1^{j-2}+b\lambda_2^{j-2}) \\
&\quad +(a\lambda_1^{k-2}+b\lambda_2^{k-2})(c\lambda_1^{i-2}+d\lambda_2^{i-2})(8e\lambda_1^{j-3}+8w\lambda_2^{j-3}) \\
&\quad +(c\lambda_1^{k-2}+d\lambda_2^{k-2})(a\lambda_1^{i-2}+b\lambda_2^{i-2})(8e\lambda_1^{j-3}+8w\lambda_2^{j-3}) \\
&\quad +(c\lambda_1^{k-2}+d\lambda_2^{k-2})(c\lambda_1^{i-2}+d\lambda_2^{i-2})(u\lambda_1^{j-3}+v\lambda_2^{j-3}) \\
&= (a^3\lambda_1+16ace+c^2u)\lambda_1^{k+i+j-7} \\
&\quad +(a^2b\lambda_1+8ade+8bce+cdu)(\lambda_1^{k+j-5}\lambda_2^{i-2}+\lambda_1^{i+j-5}\lambda_2^{k-2}) \\
&\quad +(b^2a\lambda_1+16bde+d^2u)\lambda_1^{j-3}\lambda_2^{k+i-4} \\
&\quad +(a^2b\lambda_2+8adw+8bcw+c^2v)\lambda_1^{k+i-4}\lambda_2^{j-3} \\
&\quad +(ab^2\lambda_2+8adw+8bcw+cdv)(\lambda_1^{k-2}\lambda_2^{i+j-5}+\lambda_1^{i-2}\lambda_2^{k+j-5}) \\
&\quad +(b^3\lambda_2+16bdw+d^2v)\lambda_2^{k+i+j-7}.
\end{aligned}
$$

将 a,b,c,d,e,w,u,v 的值代入上面等式，并化简得到

$$
\begin{aligned}
m(L(i,j,k)) &= \frac{(10961+1031\sqrt{113})^2(12937331+814315\sqrt{113})}{4\times 113^3}\lambda_1^{k+i+j-7} \\
&\quad +\frac{1024}{113^2}(39324+3700\sqrt{113})(\lambda_1^{k+j-5}\lambda_2^{i-2}+\lambda_1^{i+j-5}\lambda_2^{k-2}) \\
&\quad +\frac{(26150912-2455552\sqrt{113})}{113^2}\lambda_1^{j-3}\lambda_2^{k+i-4} \\
&\quad +\frac{(21922+2062\sqrt{113})(1995598080+186592512\sqrt{113})}{113^3}\lambda_1^{k+i-4}\lambda_2^{j-3} \\
&\quad +\frac{1024}{113^2}(39324-3700\sqrt{113})(\lambda_1^{k-2}\lambda_2^{i+j-5}+\lambda_1^{i-2}\lambda_2^{k+j-5}) \\
&\quad +\frac{(21922+2062\sqrt{113})^2(675966-63590\sqrt{113})}{113^3}\lambda_2^{k+i+j-7}.
\end{aligned}
$$

因此定理 6.2.3 的结论成立.

推论 1　设 $L(i,j,k)$ 表示 n 个苯环的 L 型三叉树多肽聚苯环图，则

$$
m(L(i,j,k)) \geqslant \begin{cases} m\left(L\left(\dfrac{n-1}{3},\dfrac{n-1}{3},\dfrac{n-1}{3}\right)\right), & 0 \bmod (3); \\ m\left(L\left(\dfrac{n-2}{3},\dfrac{n-2}{3},\dfrac{n+1}{3}\right)\right), & 1 \bmod (3); \\ m\left(L\left(\dfrac{n-3}{3},\dfrac{n}{3},\dfrac{n}{3}\right)\right), & 2 \bmod (3). \end{cases}
$$

推论 2　设 $L(i,j,k)$ 表示 n 个苯环的 L 型三叉树多肽聚苯环图，则 $m(L(i,j,k)) \leqslant m(L(1,1,n-3))$.

设 $z(n)$ 是苯环数为 $n(n \geqslant 3)$ 的 Z 型聚苯链[42]，$g(n),w(n),t(n)$ 分别由 Z 型聚苯链 $z(n)$

删除最后一个苯环的若干顶点得到的图（图 6.2.4 和图 6.2.5），则下面两个引理成立.

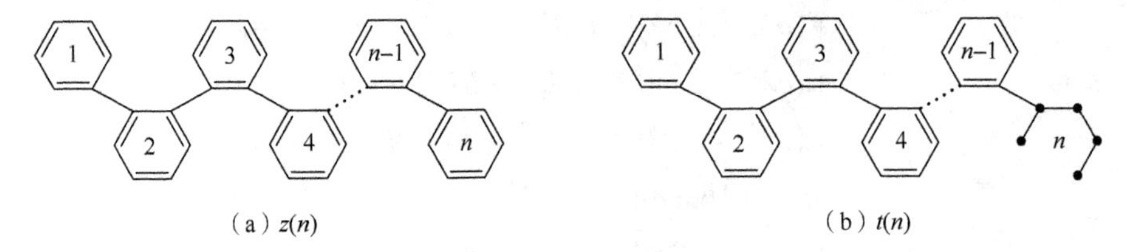

图 6.2.4 图 $z(n)$ 和图 $t(n)$

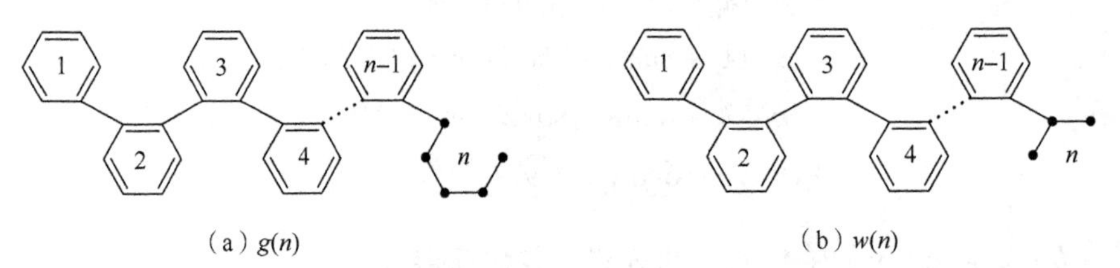

图 6.2.5 图 $g(n)$ 和图 $w(n)$

引理 6.2.3[42] 设 $z(n)$ 是苯环数为 $n(n\geqslant 3)$ 的 Z 型多肽聚苯链，则

$$m(z(n))=(18\quad 8)\begin{pmatrix}18 & 8\\ 8 & 5\end{pmatrix}^{n-2}\begin{pmatrix}18\\ 8\end{pmatrix}$$
$$=\frac{16490+3994\sqrt{17}}{85}\lambda_1^{\,n-2}+\frac{16490-3994\sqrt{17}}{85}\lambda_2^{\,n-2}.$$

其中，$\lambda_1=\dfrac{23+5\sqrt{17}}{2}$，$\lambda_2=\dfrac{23-5\sqrt{17}}{2}$.

引理 6.2.4 设 $g(n),w(n),t(n)$ 是苯环数为 $n(n\geqslant 3)$ 的多肽聚苯链，则：

（1）$m(g(n))=8m(z(n-1))+5m(g(n-1))$;

（2）$m(w(n))=3m(z(n-1))+2m(g(n-1))$;

（3）$m(t(n))=8m(z(n-1))+3m(g(n-1))$.

证明 由引理 5.1.1 和引理 5.1.2 易证得结论成立.

定理 6.2.4 设 $g(n),w(n),t(n)$ 是苯环数为 $n(n\geqslant 3)$ 的多肽聚苯链，则：

（1）$m(g(n))=\dfrac{171020+41492\sqrt{17}}{85}\lambda_1^{\,n-3}+\dfrac{171020-41492\sqrt{17}}{85}\lambda_2^{\,n-3}$；

（2）$m(w(n))=\dfrac{65110+15798\sqrt{17}}{85}\lambda_1^{\,n-3}+\dfrac{65110-15798\sqrt{17}}{85}\lambda_2^{\,n-3}$；

（3）$m(t(n))=\dfrac{155380+37676\sqrt{17}}{85}\lambda_1^{\,n-3}+\dfrac{155380-37676\sqrt{17}}{85}\lambda_2^{\,n-3}$.

其中，$\lambda_1=\dfrac{23+5\sqrt{17}}{2}$，$\lambda_2=\dfrac{23\text{-}5\sqrt{17}}{2}$.

证明 结论（2）和（3）由引理 6.2.3、引理 6.2.4 和定理 6.2.4（1）的结论很容易

证明. 在这里我们只给出结论（1）的证明过程. 由引理 6.2.3 和引理 6.2.4，我们得到

$$m(g(n))=8m(z(n-1))+5m(g(n-1)). \tag{6.2.5}$$

由引理 6.2.3 和引理 6.2.4，将

$$m(z(n-1))=\frac{16490+3994\sqrt{17}}{85}\lambda_1^{n-3}+\frac{16490-3994\sqrt{17}}{85}\lambda_2^{n-3}$$

代入式（6.2.5）得到

$$m(g(n))-5m(g(n-1))=8\left(\frac{16490+3994\sqrt{17}}{85}\lambda_1^{n-3}+\frac{16490-3994\sqrt{17}}{85}\lambda_2^{n-3}\right). \tag{6.2.6}$$

根据定理 2.2.1 可知，常系数齐次递归关系 $m(g(n))-5m(g(n-1))=0$ 的解为 5^n，那么常系数非齐次递归关系式（6.2.6）的解可设为

$$m(g(n))=c5^n+a\lambda_1^{n-3}+b\lambda_2^{n-3}. \tag{6.2.7}$$

将式（6.2.7）代入递归关系式（6.2.6），解得

$$\begin{cases} a=\dfrac{171020+41492\sqrt{17}}{85}; \\ b=\dfrac{171020-41492\sqrt{17}}{85}. \end{cases} \tag{6.2.8}$$

将初始值 $m(g(4))=87768$ 代入式（6.2.8），解得 $c=0$. 因此定理 6.2.4（1）的结论成立.

定理 6.2.5　设 $Z(k_1,k_2,k_3)$ 表示 $n(n\geqslant 4)$ 个苯环的 Z 型三叉树多肽聚苯环系统图，则有

$$\begin{aligned} m(Z(k_1,k_2,k_3)) &= m(z(k_2+1))m(z(k_1))m(z(k_3)) \\ &\quad + m(t(k_2+1))m(g(k_1))m(z(k_3)) \\ &\quad + m(t(k_2+1))m(z(k_1))m(g(k_3)) \\ &\quad + m(w(k_2+1))m(g(k_1))m(g(k_3)). \end{aligned}$$

证明　由引理 5.1.1 和引理 5.1.2 易证得结论成立.

定理 6.2.6　设 $Z(k_1,k_2,k_3)$ 表示 $n(n\geqslant 4)$ 个苯环的 Z 型三叉树多肽聚苯环系统图，则有

$$
\begin{aligned}
&m(Z(k_1,k_2,k_3))\\
&=\frac{12365376842212480+2999044401271936\sqrt{17}}{614125}\lambda_1^{k_1+k_2+k_3-7}\\
&+\frac{12365376842212480-2999044401271936\sqrt{17}}{614125}\lambda_2^{k_1+k_2+k_3-7}\\
&+\frac{670145407360+162535860864\sqrt{17}}{614125}(\lambda_1^{k_1+k_2-5}\lambda_2^{k_3-2}+\lambda_1^{k_1+k_3-5}\lambda_2^{k_2-2}+\lambda_1^{k_2+k_3-5}\lambda_2^{k_1-2})\\
&+\frac{670145407360-162535860864\sqrt{17}}{614125}(\lambda_2^{k_1+k_2-5}\lambda_1^{k_3-2}+\lambda_2^{k_1+k_3-5}\lambda_1^{k_2-2}+\lambda_2^{k_2+k_3-5}\lambda_1^{k_1-2}).
\end{aligned}
$$

证明 令

$$
\begin{aligned}
a_1&=\frac{16490+3994\sqrt{17}}{85},\quad a_2=\frac{16490-3994\sqrt{17}}{85},\\
b_1&=\frac{171020+41492\sqrt{17}}{85},\quad b_2=\frac{171020-41492\sqrt{17}}{85},\\
c_1&=\frac{65110+15798\sqrt{17}}{85},\quad c_2=\frac{65110-15798\sqrt{17}}{85},\\
d_1&=\frac{155380+37676\sqrt{17}}{85},\quad d_2=\frac{155380-37676\sqrt{17}}{85},
\end{aligned}
$$

将定理 6.2.4 的公式代入定理 6.2.5，我们得到

$$
\begin{aligned}
m(Z(k_1,k_2,k_3))&=(a_1\lambda_1^{k_2-1}+a_2\lambda_2^{k_2-1})(a_1\lambda_1^{k_1-2}+a_2\lambda_2^{k_1-2})(a_1\lambda_1^{k_3-2}+a_2\lambda_2^{k_3-2})\\
&+(d_1\lambda_1^{k_2-2}+d_2\lambda_2^{k_2-2})(b_1\lambda_1^{k_1-3}+b_2\lambda_2^{k_1-3})(a_1\lambda_1^{k_3-2}+a_2\lambda_2^{k_3-2})\\
&+(d_1\lambda_1^{k_2-2}+d_2\lambda_2^{k_2-2})(a_1\lambda_1^{k_1-2}+a_2\lambda_2^{k_1-2})(b_1\lambda_1^{k_3-3}+b_2\lambda_2^{k_3-3})\\
&+(c_1\lambda_1^{k_2-2}+c_2\lambda_2^{k_2-2})(b_1\lambda_1^{k_1-3}+b_2\lambda_2^{k_1-3})(b_1\lambda_1^{k_3-3}+b_2\lambda_2^{k_3-3})\\
&=(a_1^3\lambda_1^2+2a_1b_1d_1+b_1^2c_1\lambda_1^{-1})\lambda_1^{k_1+k_2+k_3-7}\\
&+(a_2^3\lambda_2^2+2a_2b_2d_2+b_2^2c_2\lambda_2^{-1})\lambda_2^{k_1+k_2+k_3-7}\\
&+(a_1^2a_2\lambda_1^2+a_2b_1d_1+a_1b_2d_1\lambda_1\lambda_2^{-1}+b_1b_2c_1\lambda_2^{-1})\lambda_1^{k_1+k_2-5}\lambda_2^{k_3-2}\\
&+(a_1a_2^2\lambda_2^2+a_1b_2d_2+a_2b_1d_2\lambda_1^{-1}\lambda_2+b_1b_2c_2\lambda_1^{-1})\lambda_2^{k_1+k_2-5}\lambda_1^{k_3-2}\\
&+(a_1^2a_2\lambda_1\lambda_2+2a_1b_1d_2+b_1^2c_2\lambda_1^{-1})\lambda_1^{k_1+k_3-5}\lambda_2^{k_2-2}\\
&+(a_1a_2^2\lambda_1\lambda_2+2a_2b_2d_1+b_2^2c_1\lambda_2^{-1})\lambda_2^{k_1+k_3-5}\lambda_1^{k_2-2}\\
&+(a_1^2a_2\lambda_1^2+a_1b_2d_1\lambda_1\lambda_2^{-1}+a_2b_1d_1+b_1b_2c_1\lambda_2^{-1})\lambda_1^{k_2+k_3-5}\lambda_2^{k_1-2}\\
&+(a_1a_2^2\lambda_2^2+a_2b_1d_2\lambda_1^{-1}\lambda_2+a_1b_2d_2+b_1b_2c_2\lambda_1^{-1})\lambda_2^{k_2+k_3-5}\lambda_1^{k_1-2}.
\end{aligned}
$$

将 $a_1,a_2,b_1,b_2,c_1,c_2,d_1,d_2$ 的值代入上面等式，并化简得到

$$
\begin{aligned}
& m(Z(k_1,k_2,k_3)) \\
= & \frac{12365376842212480+2999044401271936\sqrt{17}}{614125}\lambda_1^{k_1+k_2+k_3-7} \\
& +\frac{12365376842212480-2999044401271936\sqrt{17}}{614125}\lambda_2^{k_1+k_2+k_3-7} \\
& +\frac{670145407360+162535860864\sqrt{17}}{614125}(\lambda_1^{k_1+k_2-5}\lambda_2^{k_3-2}+\lambda_1^{k_1+k_3-5}\lambda_2^{k_2-2}+\lambda_1^{k_2+k_3-5}\lambda_2^{k_1-2}) \\
& +\frac{670145407360-162535860864\sqrt{17}}{614125}(\lambda_2^{k_1+k_2-5}\lambda_1^{k_3-2}+\lambda_2^{k_1+k_3-5}\lambda_1^{k_2-2}+\lambda_2^{k_2+k_3-5}\lambda_1^{k_1-2}).
\end{aligned}
$$

因此定理 6.2.6 的结论成立.

推论 1 设 $Z(k_1,k_2,k_3)$ 表示 $n(n\geqslant 4)$ 个苯环的 Z 型三叉树多肽聚苯环图，则

$$
m(Z(k_1,k_2,k_3))\geqslant\begin{cases}
m\left(z\left(\frac{n-3}{3},\frac{n-3}{3},\frac{n+3}{3}\right)\right), & n\equiv 0\bmod(3);\\
m\left(z\left(\frac{n-1}{3},\frac{n-1}{3},\frac{n-1}{3}\right)\right), & n\equiv 1\bmod(3);\\
m\left(z\left(\frac{n-2}{3},\frac{n-2}{3},\frac{n+1}{3}\right)\right), & n\equiv 2\bmod(3).
\end{cases}
$$

推论 2 设 $Z(k_1,k_2,k_3)$ 表示 $n(n\geqslant 4)$ 个苯环的 Z 型三叉树多肽聚苯环图，则 $m(Z(k_1,k_2,k_3))\leqslant m(Z(1,1,n-3))$.

设 $s(n)$（图 6.2.6）是苯环数为 n 的 S 型聚苯链，$w(n), t(n)$ 分别是由 S 型聚苯链 $s(n)$ 删除最后一个苯环上的若干顶点得到的图（图 6.2.7），则下面两个引理成立.

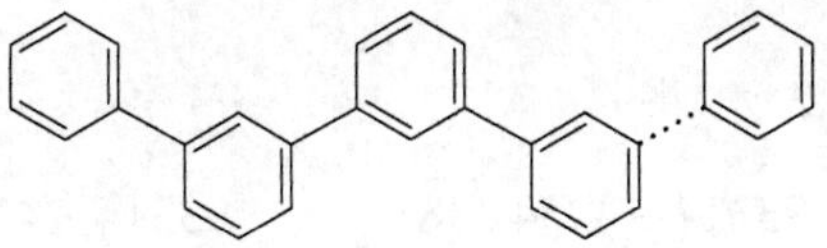

图 6.2.6 图 $s(n)$

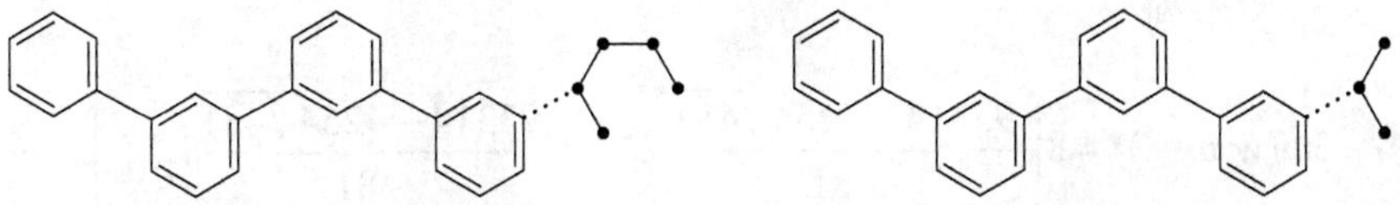

（a）$w(n)$ （b）$t(n)$

图 6.2.7 图 $w(n)$ 和图 $t(n)$

引理 6.2.5[42] 设 $s(n)$ 是苯环数为 $n(n\geqslant 3)$ 的 S 型多肽聚苯链，则

$$m(s(n))=(18 \quad 8)\begin{pmatrix}18 & 8\\ 8 & 3\end{pmatrix}^{n-2}\begin{pmatrix}18\\ 8\end{pmatrix}$$
$$=\frac{93314+4254\sqrt{481}}{481}\lambda_1^{n-2}+\frac{93314-4254\sqrt{481}}{481}\lambda_2^{n-2}.$$

其中，$\lambda_1=\dfrac{21+\sqrt{481}}{2}$，$\lambda_2=\dfrac{21-\sqrt{481}}{2}$.

引理 6.2.6 设 $w(n),t(n),s(n)$ 是苯环数为 $n(n\geqslant 3)$ 的 S 型多肽聚苯链，则：

（1）$m(w(v))=8m(s(n-1))+3m(w(n-1))$；

（2）$m(t(n))=3m(s(n-1))+m(w(n-1))$.

证明 由引理 5.1.1 和引理 5.1.2 易证得结论成立.

定理 6.2.7 设 $w(n),t(n)$ 是苯环数为 $n(n\geqslant 3)$ 的 S 型多肽聚苯链，则：

（1）$m(w(n))=\dfrac{1518517+485637\sqrt{481}}{3848}\lambda_1^{n-3}+\dfrac{1518517-485637\sqrt{481}}{3848}\lambda_2^{n-3}+\dfrac{11275}{108}3^n$；

（2）$m(t(n))=\dfrac{49587733+2677413\sqrt{481}}{3848}\lambda_1^{n-4}+\dfrac{49587733-2677413\sqrt{481}}{3848}\lambda_2^{n-4}+\dfrac{11275}{108}3^n$.

其中，$\lambda_1=\dfrac{21+\sqrt{481}}{2}$，$\lambda_2=\dfrac{21-\sqrt{481}}{2}$.

证明 结论（2）由引理 6.2.5、引理 6.2.6 和定理 6.2.7（1）的结论很容易证明. 这里仅给出（1）的证明过程，由引理 5.1.1 和引理 5.1.2，我们得到

$$m(w(n))=8m(s(n-1))+3m(w(n-1)). \tag{6.2.9}$$

由引理 6.2.5 和引理 6.2.6，将

$$m(s(n-1))=\frac{93314+4254\sqrt{481}}{481}\lambda_1^{n-3}+\frac{93314-4254\sqrt{481}}{481}\lambda_2^{n-3}$$

代入式（6.2.9）得到

$$m(w(n))-3m(w(n-1))=8\left(\frac{93314+4254\sqrt{481}}{481}\lambda_1^{n-3}+\frac{93314-4254\sqrt{481}}{481}\lambda_2^{n-3}\right). \tag{6.2.10}$$

根据定理 2.2.1 和定理 2.3.1 可知，常系数齐次递归关系 $m(w(n))-3m(w(n-1))=0$ 的解为 3^n，那么常系数非齐次递归关系式（6.2.10）的解可设为

$$m(w(n))=c3^n+a\lambda_1^{n-3}+b\lambda_2^{n-3}. \tag{6.2.11}$$

将式（6.2.11）代入递归关系式（6.2.10），解得

$$\begin{cases} a = \dfrac{(1518517 + 485637\sqrt{481})}{3848}; \\ b = \dfrac{(1518517 - 485637\sqrt{481})}{3848}. \end{cases} \tag{6.2.12}$$

将初始值 $m(w(4)) = 77448$ 代入上式，解得 $c = \dfrac{11275}{108}$. 因此定理 6.2.7（1）的结论成立.

定理 6.2.8　设 $S(i, j, k)$ 表示 $n(n \geqslant 4)$ 个苯环的 S 型三叉树多肽聚苯环系统图，则

$$\begin{aligned} m(S(i,j,k)) &= 18m(s(k))m(s(j))m(s(i)) + 8m(s(i))m(w(k))m(s(j)) \\ &\quad + 8m(w(j))m(s(k))m(s(i)) + 3m(w(k))m(w(j))m(s(i)) \\ &\quad + 8m(s(j))m(s(k))m(w(i)) + 3m(w(k))m(s(j))m(w(i)) \\ &\quad + 3m(w(j))m(s(k))m(w(i)) + m(w(k))m(w(j))m(w(i)). \end{aligned}$$

证明　由引理 5.1.1 和引理 5.1.2 易证得结论成立.

定理 6.2.9　设 $S(i, j, k)$ 表示 $n(n \geqslant 4)$ 个苯环的 S 型三叉树多肽聚苯环系统图，则有

$$\begin{aligned} & m(S(i,j,k)) \\ &= \frac{24326257833253254654 1 + 11109869529578359101\sqrt{481}}{128 \times 481^2} \lambda_1^{i+k+j-9} \\ &+ \frac{243262578332532546541 - 11109869529578359101\sqrt{481}}{128 \times 481^2} \lambda_2^{i+k+j-9} \\ &+ \frac{63214208023753875 + 2837749025623875\sqrt{481}}{3456 \times 481} (3^k \lambda_1^{i+j-6} + 3^j \lambda_1^{i+k-6} + 3^i \lambda_1^{k+j-6}) \\ &+ \frac{63214208023753875 - 2837749025623875\sqrt{481}}{3456 \times 481} (3^k \lambda_2^{i+j-6} + 3^j \lambda_2^{i+k-6} + 3^i \lambda_2^{j+k-6}) \\ &+ \frac{6303871549958125 + 340367801008125\sqrt{481}}{93312 \times 481} \times (3^{k+j} \lambda_1^{i-3} + 3^{k+i} \lambda_1^{j-3} + 3^{i+j} \lambda_1^{k-3}) \\ &+ \frac{6303871549958125 - 340367801008125\sqrt{481}}{93312 \times 481} \times (3^{k+j} \lambda_2^{i-3} + 3^{k+i} \lambda_2^{j-3} + 3^{i+j} \lambda_2^{k-3}) \\ &- \frac{720486155897382875 - 39541127625412875\sqrt{481}}{4 \times 481^2} \times (\lambda_1^{i-3} \lambda_2^{k+j-6} + \lambda_1^{k-3} \lambda_2^{i+j-6} + \lambda_1^{j-3} \lambda_2^{k+i-6}) \\ &- \frac{720486155897382875 + 39541127625412875\sqrt{481}}{4 \times 481^2} \\ &\times (\lambda_1^{i+k-6} \lambda_2^{j-3} + \lambda_1^{i+j-6} \lambda_2^{k-3} + \lambda_1^{k+j-6} \lambda_2^{i-3}) \\ &- \frac{181138875273125}{54 \times 481} \\ &\times (3^k \lambda_1^{i-3} \lambda_2^{j-3} + 3^k \lambda_1^{j-3} \lambda_2^{i-3} + 3^j \lambda_1^{i-3} \lambda_2^{k-3} + 3^j \lambda_1^{k-3} \lambda_2^{i-3} + 3^i \lambda_1^{k-3} \lambda_2^{j-3} + 3^i \lambda_1^{j-3} \lambda_2^{k-3}) \\ &+ \frac{1433341421875}{1259712} 3^{i+j+k}. \end{aligned}$$

证明 令

$$a=\frac{93314+4254\sqrt{481}}{481},\quad b=\frac{93314-4254\sqrt{481}}{481},\quad c=\frac{1518517+485637\sqrt{481}}{3848},$$

$$d=\frac{1518517-485637\sqrt{481}}{3848},\quad e=\frac{11275}{108},$$

将定理 6.2.7 和引理 6.2.5 的公式代入定理 6.2.8，我们得到

$$\begin{aligned}
m(S(i,j,k))&=18(a\lambda_1^{k-2}+b\lambda_2^{k-2})(a\lambda_1^{j-2}+b\lambda_2^{j-2})(a\lambda_1^{i-2}+b\lambda_2^{i-2})\\
&\quad+8(a\lambda_1^{i-2}+b\lambda_2^{i-2})(a\lambda_1^{k-2}+b\lambda_2^{k-2})(c\lambda_1^{j-3}+d\lambda_2^{j-3}+3^j e)\\
&\quad+8(a\lambda_1^{i-2}+b\lambda_2^{i-2})(a\lambda_1^{j-2}+b\lambda_2^{j-2})(c\lambda_1^{k-3}+d\lambda_2^{k-3}+3^k e)\\
&\quad+8(a\lambda_1^{j-2}+b\lambda_2^{j-2})(a\lambda_1^{k-2}+b\lambda_2^{k-2})(c\lambda_1^{i-3}+d\lambda_2^{i-3}+3^i e)\\
&\quad+3(a\lambda_1^{i-2}+b\lambda_2^{i-2})(c\lambda_1^{k-3}+d\lambda_2^{k-3}+3^k e)(c\lambda_1^{j-3}+d\lambda_2^{j-3}+3^j e)\\
&\quad+3(a\lambda_1^{k-2}+b\lambda_2^{k-2})(c\lambda_1^{i-3}+d\lambda_2^{i-3}+3^i e)(c\lambda_1^{j-3}+d\lambda_2^{j-3}+3^j e)\\
&\quad+3(a\lambda_1^{j-2}+b\lambda_2^{j-2})(c\lambda_1^{k-3}+d\lambda_2^{k-3}+3^k e)(c\lambda_1^{i-3}+d\lambda_2^{i-3}+3^i e)\\
&\quad+(c\lambda_1^{i-3}+d\lambda_2^{i-3}+3^i e)(c\lambda_1^{k-3}+d\lambda_2^{k-3}+3^k e)(c\lambda_1^{j-3}+d\lambda_2^{j-3}+3^j e)\\
&=(18a^3\lambda_1^3+24a^2c\lambda_1^2+9ac^2\lambda_1+c^3)\lambda_1^{k+i+j-9}\\
&\quad+(18b^3\lambda_2^3+24b^2d\lambda_2^2+9bd^2\lambda_2+d^3)\lambda_z^{k+i+j-9}\\
&\quad+(8a^2e\lambda_1^2+6aec\lambda_1+ec^2)(3^k\lambda_1^{i+j-6}+3^j\lambda_1^{i+k-6}+3^i\lambda_1^{k+j-6})\\
&\quad+(8b^2e\lambda_2^2+6bed\lambda_2+ed^2)(3^k\lambda_2^{i+j-6}+3^j\lambda_2^{i+k-6}+3^i\lambda_2^{k+j-6})\\
&\quad+(3ae^2\lambda_1+e^2c)(3^{k+j}\lambda_1^{i-3}+3^{i+k}\lambda_1^{j-3}+3^{i+j}\lambda_1^{k-3})\\
&\quad+(3be^2\lambda_2+e^2d)(3^{k+j}\lambda_2^{i-3}+3^{i+k}\lambda_2^{j-3}+3^{i+j}\lambda_2^{k-3})\\
&\quad+(18a^2b\lambda_1^2\lambda_2+16abc\lambda_1\lambda_2+8a^2d\lambda_1^2+6adc\lambda_1+3bc^2\lambda_2+dc^2)\\
&\quad\times(\lambda_1^{i+k-6}\lambda_2^{j-3}+\lambda_1^{i+j-6}\lambda_2^{k-3}+\lambda_1^{k+j-6}\lambda_2^{i-3})+(18ab^2\lambda_1\lambda_2^2+16abd\lambda_1\lambda_2\\
&\quad+8b^2c\lambda_2^2+6bdc\lambda_2+3ad^2\lambda_1+cd^2)(\lambda_1^{i-3}\lambda_2^{k+j-6}+\lambda_1^{k-3}\lambda_2^{i+j-6}+\lambda_1^{j-3}\lambda_2^{i+k-6})\\
&\quad+(8abe\lambda_1\lambda_2+3ade\lambda_1+3bce\lambda_2+dec)(3^k\lambda_1^{i-3}\lambda_2^{j-3}+3^k\lambda_1^{j-3}\lambda_2^{i-3}+3^j\lambda_1^{i-3}\lambda_2^{k-3}\\
&\quad+3^j\lambda_1^{k-3}\lambda_2^{i-3}+3^i\lambda_1^{k-3}\lambda_2^{j-3}+3^i\lambda_1^{j-3}\lambda_2^{k-3})+3^{i+j+k}e^3.
\end{aligned}$$

将 a,b,c,d,e 的值代入上面等式，并化简得到

$$\begin{aligned}
&m(S(i,j,k))\\
&=\frac{24326257833253254654 1+1110986952957835910 1\sqrt{481}}{128\times 481^2}\lambda_1^{i+k+j-9}\\
&\quad+\frac{243262578332532546541-111098695295783591 01\sqrt{481}}{128\times 481^2}\lambda_2^{i+k+j-9}\\
&\quad+\frac{63214208023753875+2837749025623875\sqrt{481}}{3456\times 481}(3^k\lambda_1^{i+j-6}+3^j\lambda_1^{i+k-6}+3^i\lambda_1^{k+j-6})
\end{aligned}$$

$$
\begin{aligned}
&+\frac{63214208023753875-2837749025623875\sqrt{481}}{3456\times 481}(3^k\lambda_2^{i+j-6}+3^j\lambda_2^{i+k-6}+3^i\lambda_2^{j+k-6})\\
&+\frac{6303871549958125+340367801008125\sqrt{481}}{93312\times 481}(3^{k+j}\lambda_1^{i-3}+3^{k+i}\lambda_1^{j-3}+3^{i+j}\lambda_1^{k-3})\\
&+\frac{6303871549958125-340367801008125\sqrt{481}}{93312\times 481}(3^{k+j}\lambda_2^{i-3}+3^{k+i}\lambda_2^{j-3}+3^{i+j}\lambda_2^{k-3})\\
&-\frac{720486155897382875-39541127625412875\sqrt{481}}{4\times 481^2}\\
&\times(\lambda_1^{i-3}\lambda_2^{k+j-6}+\lambda_1^{k-3}\lambda_2^{i+j-6}+\lambda_1^{j-3}\lambda_2^{k+i-6})\\
&-\frac{720486155897382875+39541127625412875\sqrt{481}}{4\times 481^2}\\
&\times(\lambda_1^{i+k-6}\lambda_2^{j-3}+\lambda_1^{i+j-6}\lambda_2^{k-3}+\lambda_1^{k+j-6}\lambda_2^{i-3})\\
&-\frac{181138875273125}{54\times 481}\\
&\times(3^k\lambda_1^{i-3}\lambda_2^{j-3}+3^k\lambda_1^{j-3}\lambda_2^{i-3}+3^j\lambda_1^{i-3}\lambda_2^{k-3}+3^j\lambda_1^{k-3}\lambda_2^{i-3}+3^i\lambda_1^{k-3}\lambda_2^{j-3}+3^i\lambda_1^{j-3}\lambda_2^{k-3})\\
&+\frac{1433341421875}{1259712}3^{i+j+k}.
\end{aligned}
$$

因此定理 4.3.10 的结论成立.

推论 1　设 $S(i,j,k)$ 表示 $n(n\geqslant 4)$ 个苯环的 S 型三叉树多肽聚苯环图，则

$$
m(S(i,j,k))\geqslant\begin{cases}
m\left(S\left(\dfrac{n-3}{3},\dfrac{n}{3},\dfrac{n}{3}\right)\right), & n\equiv 0\,\mathrm{mod}(3);\\
m\left(S\left(\dfrac{n-1}{3},\dfrac{n-1}{3},\dfrac{n-1}{3}\right)\right), & n\equiv 1\,\mathrm{mod}(3);\\
m\left(S\left(\dfrac{n-2}{3},\dfrac{n-2}{3},\dfrac{n+1}{3}\right)\right), & n\equiv 2\,\mathrm{mod}(3).
\end{cases}
$$

推论 2　设 $S(i,j,k)$ 表示 $n(n\geqslant 4)$ 个苯环的 S 型三叉树多肽聚苯环图，则 $m(S(i,j,k))\leqslant m(S(1,1,n-3))$.

6.3　两类四叶聚苯环系统的 Hosoya 指标

本节中，我们给出两类四叶聚苯环系统的 Hosoya 指标计算公式. 如果图族聚苯环系统只有两个环度为 3 的苯环且这两个苯环相邻，则称此聚苯环系统为四叶聚苯环系统；如果环度为 3 的苯环只有一个时，称该聚苯环系统为三叉树形聚苯环系统；如果环度为 3 的苯环没有时，则称该聚苯环系统为聚苯链. 删除四叶聚苯环系统的这两个环度为 3 的苯环及与其相连的边后的 4 个子图，如果苯环顶点被两条 P_2 路点粘接的顶点分割成的

两个顶点集的阶数相等，则称该类四叶聚苯环系统为 L 型四叶聚苯环系统，并用 $l(k_1,k_2,k_3,k_4)$ 表示 n 个苯环的 L 型四叶聚苯环系统图，如图 6.3.1（a）所示，其中 k_1,k_2,k_3,k_4 分别为 4 个叉上苯环的个数（$n=k_1+k_2+k_3+k_4+2$）；删除四叶聚苯环系统的这两个环度为 3 的 4 个分支，如果都是 S 型聚苯链，则称为 S 型四叶聚苯环系统图，记为 $s(k_1,k_2,k_3,k_4)$，如图 6.3.1（b）所示.

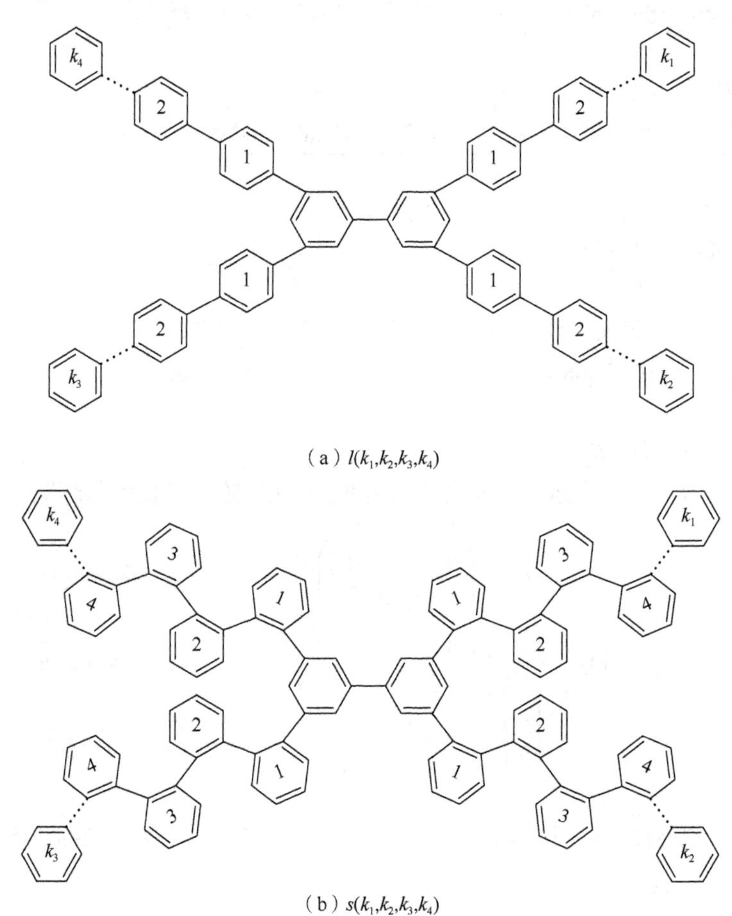

（a）$l(k_1,k_2,k_3,k_4)$

（b）$s(k_1,k_2,k_3,k_4)$

图 6.3.1 图 $l(k_1,k_2,k_3,k_4)$ 和图 $s(k_1,k_2,k_3,k_4)$

定理 6.3.1 设 $l(k_1,k_2,k_3,k_4)$ 表示 n 个苯环的 L 型四叶多肽聚苯环图，则

$$
\begin{aligned}
& m(l(k_1,k_2,k_3,k_4)) \\
&= 388m(l(k_4))m(l(k_3))m(l(k_2))m(l(k_1))+168m(g(k_4))m(l(k_3))m(l(k_2))m(l(k_1)) \\
&\quad +168m(l(k_4))m(g(k_3))m(l(k_2))m(l(k_1))+62m(g(k_4))m(g(k_3))m(l(k_2))m(l(k_1)) \\
&\quad +168m(l(k_4))m(l(k_3))m(g(k_2))m(l(k_1))+73m(g(k_4))m(l(k_3))m(g(k_2))m(l(k_1)) \\
&\quad +73m(l(k_4))m(g(k_3))m(g(k_2))m(l(k_1))+27m(g(k_4))m(g(k_3))m(g(k_2))m(l(k_1)) \\
&\quad +168m(l(k_4))m(l(k_3))m(l(k_2))m(g(k_1))+73m(g(k_4))m(l(k_3))m(l(k_2))m(g(k_1))
\end{aligned}
$$

$$+73m(l(k_4))m(g(k_3))m(l(k_2))m(g(k_1))+27m(g(k_4))m(g(k_3))m(l(k_2))m(g(k_1))$$
$$+62m(l(k_4))m(l(k_3))m(g(k_2))m(g(k_1))+27m(g(k_4))m(l(k_3))m(g(k_2))m(g(k_1))$$
$$+27m(l(k_4))m(g(k_3))m(g(k_2))m(g(k_1))+10m(g(k_4))m(g(k_3))m(g(k_2))m(g(k_1)).$$

证明　由引理 5.1.1 和引理 5.1.2 易证得结论成立.

定理 6.3.2　设 $l(k_1,k_2,k_3,k_4)$ 表示 n 个苯环的 L 型四叶多肽聚苯环图，则

$$\begin{aligned}
&m(l(k_1,k_2,k_3,k_4))\\
&=\frac{114151948254626304+10738511988977152\sqrt{113}}{113^2}\lambda_1^{k_1+k_2+k_3+k_4-8}\\
&\quad+\frac{114151948254626304-10738511988977152\sqrt{113}}{113^2}\lambda_2^{k_1+k_2+k_3+k_4-8}\\
&\quad+\frac{391922466816+36868964352\sqrt{113}}{113^2}\\
&\quad\times(\lambda_1^{k_1+k_2+k_3-6}\lambda_2^{k_4-2}+\lambda_1^{k_1+k_2+k_4-6}\lambda_2^{k_3-2}+\lambda_1^{k_1+k_3+k_4-6}\lambda_2^{k_2-2}+\lambda_1^{k_2+k_3+k_4-6}\lambda_2^{k_1-2})\\
&\quad+\frac{391922466816-36868964352\sqrt{113}}{113^2}\\
&\quad\times(\lambda_1^{k_4-2}\lambda_2^{k_1+k_2+k_3-6}+\lambda_1^{k_3-2}\lambda_2^{k_1+k_2+k_4-6}+\lambda_1^{k_1-2}\lambda_2^{k_2+k_3+k_4-6}+\lambda_1^{k_2-2}\lambda_2^{k_1+k_3+k_4-6})\\
&\quad-\frac{77201408}{113^2}(\lambda_1^{k_3+k_4-4}\lambda_2^{k_1+k_2-4}+\lambda_1^{k_1+k_2-4}\lambda_2^{k_3+k_4-4})+\frac{4259840}{113^2}\\
&\quad\times(\lambda_1^{k_2+k_4-4}\lambda_2^{k_1+k_3-4}+\lambda_1^{k_1+k_4-4}\lambda_2^{k_2+k_3-4}+\lambda_1^{k_2+k_3-4}\lambda_2^{k_1+k_4-4}+\lambda_1^{k_1+k_3-4}\lambda_2^{k_2+k_4-4}).
\end{aligned}$$

证明　我们不妨令

$$a=\frac{21922+2062\sqrt{113}}{113},\quad b=\frac{21922-2062\sqrt{113}}{113},$$
$$c=\frac{175376+16496\sqrt{113}}{113(\lambda_1-4)},\quad d=\frac{175376-16496\sqrt{113}}{113(\lambda_2-4)},$$

将定理 6.2.7 和引理 6.2.5 的公式代入定理 6.3.1，得到

$$\begin{aligned}
&m(l(k_1,k_2,k_3,k_4))\\
&=388(a\lambda_1^{k_4-2}+b\lambda_2^{k_4-2})(a\lambda_1^{k_3-2}+b\lambda_2^{k_3-2})(a\lambda_1^{k_2-2}+b\lambda_2^{k_2-2})(a\lambda_1^{k_1-2}+b\lambda_2^{k_1-2})\\
&\quad+168(c\lambda_1^{k_4-2}+d\lambda_2^{k_4-2})(a\lambda_1^{k_3-2}+b\lambda_2^{k_3-2})(a\lambda_1^{k_2-2}+b\lambda_2^{k_2-2})(a\lambda_1^{k_1-2}+b\lambda_2^{k_1-2})\\
&\quad+168(a\lambda_1^{k_4-2}+b\lambda_2^{k_4-2})(c\lambda_1^{k_3-2}+d\lambda_2^{k_3-2})(a\lambda_1^{k_2-2}+b\lambda_2^{k_2-2})(a\lambda_1^{k_1-2}+b\lambda_2^{k_1-2})\\
&\quad+62(c\lambda_1^{k_4-2}+d\lambda_2^{k_4-2})(c\lambda_1^{k_3-2}+d\lambda_2^{k_3-2})(a\lambda_1^{k_2-2}+b\lambda_2^{k_2-2})(a\lambda_1^{k_1-2}+b\lambda_2^{k_1-2})\\
&\quad+168(a\lambda_1^{k_4-2}+b\lambda_2^{k_4-2})(a\lambda_1^{k_3-2}+b\lambda_2^{k_3-2})(c\lambda_1^{k_2-2}+d\lambda_2^{k_2-2})(a\lambda_1^{k_1-2}+b\lambda_2^{k_1-2})\\
&\quad+73(c\lambda_1^{k_4-2}+d\lambda_2^{k_4-2})(a\lambda_1^{k_3-2}+b\lambda_2^{k_3-2})(c\lambda_1^{k_2-2}+d\lambda_2^{k_2-2})(a\lambda_1^{k_1-2}+b\lambda_2^{k_1-2})\\
&\quad+73(a\lambda_1^{k_4-2}+b\lambda_2^{k_4-2})(c\lambda_1^{k_3-2}+d\lambda_2^{k_3-2})(c\lambda_1^{k_2-2}+d\lambda_2^{k_2-2})(a\lambda_1^{k_1-2}+b\lambda_2^{k_1-2})\\
&\quad+27(c\lambda_1^{k_4-2}+d\lambda_2^{k_4-2})(c\lambda_1^{k_3-2}+d\lambda_2^{k_3-2})(c\lambda_1^{k_2-2}+d\lambda_2^{k_2-2})(a\lambda_1^{k_1-2}+b\lambda_2^{k_1-2})\\
&\quad+168(a\lambda_1^{k_4-2}+b\lambda_2^{k_4-2})(c\lambda_1^{k_3-2}+d\lambda_2^{k_3-2})(a\lambda_1^{k_2-2}+b\lambda_2^{k_2-2})(c\lambda_1^{k_1-2}+d\lambda_2^{k_1-2})
\end{aligned}$$

$$
\begin{aligned}
&+73(c\lambda_1^{k_4-2}+d\lambda_2^{k_4-2})(a\lambda_1^{k_3-2}+b\lambda_2^{k_3-2})(a\lambda_1^{k_2-2}+b\lambda_2^{k_2-2})(c\lambda_1^{k_1-2}+d\lambda_2^{k_1-2})\\
&+73(a\lambda_1^{k_4-2}+b\lambda_2^{k_4-2})(c\lambda_1^{k_3-2}+d\lambda_2^{k_3-2})(a\lambda_1^{k_2-2}+b\lambda_2^{k_2-2})(c\lambda_1^{k_1-2}+d\lambda_2^{k_1-2})\\
&+27(c\lambda_1^{k_4-2}+d\lambda_2^{k_4-2})(c\lambda_1^{k_3-2}+d\lambda_2^{k_3-2})(a\lambda_1^{k_2-2}+b\lambda_2^{k_2-2})(c\lambda_1^{k_1-2}+d\lambda_2^{k_1-2})\\
&+62(a\lambda_1^{k_4-2}+b\lambda_2^{k_4-2})(a\lambda_1^{k_3-2}+b\lambda_2^{k_3-2})(c\lambda_1^{k_2-2}+d\lambda_2^{k_2-2})(c\lambda_1^{k_1-2}+d\lambda_2^{k_1-2})\\
&+27(c\lambda_1^{k_4-2}+d\lambda_2^{k_4-2})(a\lambda_1^{k_3-2}+b\lambda_2^{k_3-2})(c\lambda_1^{k_2-2}+d\lambda_2^{k_2-2})(c\lambda_1^{k_1-2}+d\lambda_2^{k_1-2})\\
&+27(a\lambda_1^{k_4-2}+b\lambda_2^{k_4-2})(c\lambda_1^{k_3-2}+d\lambda_2^{k_3-2})(c\lambda_1^{k_2-2}+d\lambda_2^{k_2-2})(c\lambda_1^{k_1-2}+d\lambda_2^{k_1-2})\\
&+10(c\lambda_1^{k_4-2}+d\lambda_2^{k_4-2})(c\lambda_1^{k_3-2}+d\lambda_2^{k_3-2})(c\lambda_1^{k_2-2}+d\lambda_2^{k_2-2})(c\lambda_1^{k_1-2}+d\lambda_2^{k_1-2})\\
=&(388a^4+672a^3c+416a^2c^2+108ac^3+10c^4)\lambda_1^{k_1+k_2+k_3+k_4-8}+(388b^4+672b^3d\\
&+416b^2c^2+108bd^3+10d^4)\lambda_2^{k_1+k_2+k_3+k_4-8}+(388a^2b^2+336ab^2c+336a^2bd\\
&+292abcd+54bc^2d+54acd^2+62b^2c^2+62a^2d^2+10c^2d^2)(\lambda_1^{k_3+k_4-4}\lambda_2^{k_1+k_2-4}\\
&+\lambda_1^{k_1+k_2-4}\lambda_2^{k_3+k_4-4})+(388a^2b^2+336ab^2c+336a^2bd+270abcd+54bc^2d\\
&+54acd^2+73b^2c^2+73a^2d^2+10c^2d^2)(\lambda_1^{k_2+k_4-4}\lambda_2^{k_1+k_3-4}+\lambda_1^{k_1+k_4-4}\lambda_2^{k_2+k_3-4}\\
&+\lambda_1^{k_2+k_3-4}\lambda_2^{k_1+k_4-4}+\lambda_1^{k_1+k_3-4}\lambda_2^{k_2+k_4-4})+(388a^3b+504a^2bc+208abc^2\\
&+208a^2cd+81ac^2d+27bc^3+168a^3d+10c^3d)(\lambda_1^{k_1+k_2+k_3-6}\lambda_2^{k_4-2}\\
&+\lambda_1^{k_1+k_2+k_4-6}\lambda_2^{k_3-2}+\lambda_1^{k_1+k_3+k_4-6}\lambda_2^{k_2-2}+\lambda_1^{k_2+k_3+k_4-6}\lambda_2^{k_1-2})\\
&+(388ab^3+504ab^2+208b^2cd+208abd^2+81bcd^2+168b^3c+27ad^3+10cd^3)\\
&\times(\lambda_1^{k_4-2}\lambda_2^{k_1+k_2+k_3-6}+\lambda_1^{k_3-2}\lambda_2^{k_1+k_2+k_4-6}+\lambda_1^{k_1-2}\lambda_2^{k_2+k_3+k_4-6}+\lambda_1^{k_2-2}\lambda_2^{k_1+k_3+k_4-6}).
\end{aligned}
$$

将 a,b,c,d 的值代入上面等式，并化简得到如下等式：

$$
\begin{aligned}
&m(l(k_1,k_2,k_3,k_4))\\
=&\frac{114151948254626304+107385119889771152\sqrt{113}}{113^2}\lambda_1^{k_1+k_2+k_3+k_4-8}\\
&+\frac{114151948254626304-107385119889771152\sqrt{113}}{113^2}\lambda_2^{k_1+k_2+k_3+k_4-8}\\
&+\frac{391922466816+36868964352\sqrt{113}}{113^2}(\lambda_1^{k_1+k_2+k_3-6}\lambda_2^{k_4-2}\\
&+\lambda_1^{k_1+k_2+k_4-6}\lambda_2^{k_3-2}+\lambda_1^{k_1+k_3+k_4-6}\lambda_2^{k_2-2}+\lambda_1^{k_2+k_3+k_4-6}\lambda_2^{k_1-2})\\
&+\frac{391922466816-36868964352\sqrt{113}}{113^2}(\lambda_1^{k_4-2}\lambda_2^{k_1+k_2+k_3-6}\\
&+\lambda_1^{k_3-2}\lambda_2^{k_1+k_2+k_4-6}+\lambda_1^{k_1-2}\lambda_2^{k_2+k_3+k_4-6}+\lambda_1^{k_2-2}\lambda_2^{k_1+k_3+k_4-6})\\
&+\frac{4259840}{113^2}(\lambda_1^{k_2+k_4-4}\lambda_2^{k_1+k_3-4}+\lambda_1^{k_1+k_4-4}\lambda_2^{k_2+k_3-4}+\lambda_1^{k_2+k_3-4}\lambda_2^{k_1+k_4-4}\\
&+\lambda_1^{k_1+k_3-4}\lambda_2^{k_2+k_4-4})-\frac{77201408}{113^2}(\lambda_1^{k_3+k_4-4}\lambda_2^{k_1+k_2-4}+\lambda_1^{k_1+k_2-4}\lambda_2^{k_3+k_4-4}).
\end{aligned}
$$

因此定理 6.3.2 的结论成立.

推论 1 设 $l(k_1,k_2,k_3,k_4)$ 表示 n 个苯环的 L 型四叶多肽聚苯环图，则

$m(l(k_1,k_2,k_3,k_4)) \leqslant m(L(1,1,1,n-5))$.

推论 2 设$l(k_1,k_2,k_3,k_4)$表示n个苯环的 L 型四叶多肽聚苯环图，则有

$$m(l(k_1,k_2,k_3,k_4)) \geqslant \begin{cases} m\left(l\left(\dfrac{n-4}{4},\dfrac{n-4}{4},\dfrac{n}{4},\dfrac{n}{4}\right)\right), & n \equiv 0 \bmod(4); \\ m\left(l\left(\dfrac{n-5}{4},\dfrac{n-1}{4},\dfrac{n-1}{4},\dfrac{n-1}{4}\right)\right), & n \equiv 1 \bmod(4); \\ m\left(l\left(\dfrac{n-2}{4},\dfrac{n-2}{4},\dfrac{n-2}{4},\dfrac{n-2}{4}\right)\right), & n \equiv 2 \bmod(4); \\ m\left(l\left(\dfrac{n+1}{4},\dfrac{n-3}{4},\dfrac{n-3}{4},\dfrac{n-3}{4}\right)\right), & n \equiv 3 \bmod(4). \end{cases}$$

定理 6.3.3 设$s(k_1,k_2,k_3,k_4)$表示n个苯环的 S 型四叶聚苯环图，则有

$$\begin{aligned} &m(s(k_1,k_2,k_3,k_4)) \\ =\ &388m(z(k_4))m(z(k_3))m(z(k_2))m(z(k_1)) + 168m(g(k_4))m(z(k_3))m(z(k_2))m(z(k_1)) \\ &+168m(z(k_4))m(g(k_3))m(z(k_2))m(z(k_1)) + 62m(g(k_4))m(g(k_3))m(z(k_2))m(z(k_1)) \\ &+168m(z(k_4))m(z(k_3))m(g(k_2))m(z(k_1)) + 73m(g(k_4))m(z(k_3))m(g(k_2))m(z(k_1)) \\ &+73m(z(k_4))m(g(k_3))m(g(k_2))m(z(k_1)) + 27m(g(k_4))m(g(k_3))m(g(k_2))m(z(k_1)) \\ &+168m(z(k_4))m(z(k_3))m(z(k_2))m(g(k_1)) + 73m(g(k_4))m(z(k_3))m(z(k_2))m(g(k_1)) \\ &+73m(z(k_4))m(g(k_3))m(z(k_2))m(g(k_1)) + 27m(g(k_4))m(g(k_3))m(z(k_2))m(g(k_1)) \\ &+62m(z(k_4))m(z(k_3))m(g(k_2))m(g(k_1)) + 27m(g(k_4))m(z(k_3))m(g(k_2))m(g(k_1)) \\ &+27m(z(k_4))m(g(k_3))m(g(k_2))m(g(k_1)) + 10m(g(k_4))m(g(k_3))m(g(k_2))m(g(k_1)). \end{aligned}$$

证明 由引理 5.1.1 和引理 5.1.2 易证得结论成立.

定理 6.3.4 设$s(k_1,k_2,k_3,k_4)$表示n个苯环的 S 型四叶聚苯环图，则有

$$\begin{aligned} &m(s(k_1,k_2,k_3,k_4)) \\ =\ &\frac{480349318935388254720 + 115002211105432903040\sqrt{17}}{85^4}\lambda_1^{k_1+k_2+k_3+k_4-8} \\ &+\frac{480349318935388254720 - 115002211105432903040\sqrt{17}}{85^4}\lambda_2^{k_1+k_2+k_3+k_4-8} \\ &+\frac{30414032207969280 + 7376486769300480\sqrt{17}}{85^4}(\lambda_1^{k_1+k_3+k_4-6}\lambda_2^{k_2-2} \\ &+\lambda_1^{k_2+k_3+k_4-6}\lambda_2^{k_1-2} + \lambda_1^{k_1+k_2+k_4-6}\lambda_2^{k_3-2} + \lambda_1^{k_2+k_3+k_1-6}\lambda_2^{k_4-2}) \\ &+\frac{30414032207969280 - 7376486769300480\sqrt{17}}{85^4}(\lambda_1^{k_2-2}\lambda_2^{k_1+k_3+k_4-6} \\ &+\lambda_1^{k_1-2}\lambda_2^{k_2+k_3+k_4-6} + \lambda_1^{k_3-2}\lambda_2^{k_1+k_2+k_4-6} + \lambda_1^{k_4-2}\lambda_2^{k_2+k_3+k_1-6}) \end{aligned}$$

$$+\frac{4606464312320}{85^4}(\lambda_1^{k_2+k_4-4}\lambda_1^{k_1+k_3-4}+\lambda_1^{k_1+k_4-4}\lambda_1^{k_3+k_2-4}+\lambda_1^{k_2+k_3-4}\lambda_1^{k_1+k_4-4}$$
$$+\lambda_1^{k_1+k_3-4}\lambda_1^{k_4+k_2-4})-\frac{34907702036480}{85^4}(\lambda_1^{k_1+k_2-4}\lambda_1^{k_3+k_4-4}+\lambda_1^{k_3+k_4-4}\lambda_1^{k_1+k_2-4}).$$

证明 我们不妨令

$$a=\frac{16490+3994\sqrt{17}}{85},\quad b=\frac{16490-3994\sqrt{17}}{85},\quad c=\frac{171020+41492\sqrt{17}}{85},$$
$$d=\frac{171020-41492\sqrt{17}}{85},\quad e=\frac{49470+11982\sqrt{17}}{85},\quad f=\frac{49470-11982\sqrt{17}}{85},$$
$$g=\frac{155380+3767\sqrt{17}}{85},\quad h=\frac{155380-3767\sqrt{17}}{85},$$

将定理 6.2.7 和引理 6.2.5 的公式代入定理 6.3.3，我们得到

$$m(s(k_1,k_2,k_3,k_4))$$
$$=388(a\lambda_1^{k_4-2}+b\lambda_2^{k_4-2})(a\lambda_1^{k_3-2}+b\lambda_2^{k_3-2})(a\lambda_1^{k_2-2}+b\lambda_2^{k_2-2})(a\lambda_1^{k_1-2}+b\lambda_2^{k_1-2})$$
$$+168(c\lambda_1^{k_4-3}+d\lambda_2^{k_4-3})(a\lambda_1^{k_3-2}+b\lambda_2^{k_3-2})(a\lambda_1^{k_2-2}+b\lambda_2^{k_2-2})(a\lambda_1^{k_1-2}+b\lambda_2^{k_1-2})$$
$$+168(a\lambda_1^{k_4-2}+b\lambda_2^{k_4-2})(c\lambda_1^{k_3-3}+d\lambda_2^{k_3-3})(a\lambda_1^{k_2-2}+b\lambda_2^{k_2-2})(a\lambda_1^{k_1-2}+b\lambda_2^{k_1-2})$$
$$+62(c\lambda_1^{k_4-3}+d\lambda_2^{k_4-3})(c\lambda_1^{k_3-2}+d\lambda_2^{k_3-2})(a\lambda_1^{k_2-2}+b\lambda_2^{k_2-2})(a\lambda_1^{k_1-2}+b\lambda_2^{k_1-2})$$
$$+168(a\lambda_1^{k_4-2}+b\lambda_2^{k_4-2})(a\lambda_1^{k_3-2}+b\lambda_2^{k_3-2})(c\lambda_1^{k_2-3}+d\lambda_2^{k_2-3})(a\lambda_1^{k_1-2}+b\lambda_2^{k_1-2})$$
$$+73(c\lambda_1^{k_4-3}+d\lambda_2^{k_4-3})(a\lambda_1^{k_3-2}+b\lambda_2^{k_3-2})(c\lambda_1^{k_2-3}+d\lambda_2^{k_2-3})(a\lambda_1^{k_1-2}+b\lambda_2^{k_1-2})$$
$$+73(a\lambda_1^{k_4-3}+b\lambda_2^{k_4-3})(c\lambda_1^{k_3-3}+d\lambda_2^{k_3-3})(c\lambda_1^{k_2-3}+d\lambda_2^{k_2-3})(a\lambda_1^{k_1-2}+b\lambda_2^{k_1-2})$$
$$+27(c\lambda_1^{k_4-3}+d\lambda_2^{k_4-3})(c\lambda_1^{k_3-3}+d\lambda_2^{k_3-3})(c\lambda_1^{k_2-3}+d\lambda_2^{k_2-3})(a\lambda_1^{k_1-2}+b\lambda_2^{k_1-2})$$
$$+168(a\lambda_1^{k_4-2}+b\lambda_2^{k_4-2})(c\lambda_1^{k_3-3}+d\lambda_2^{k_3-3})(a\lambda_1^{k_2-2}+b\lambda_2^{k_2-2})(c\lambda_1^{k_1-3}+d\lambda_2^{k_1-3})$$
$$+73(c\lambda_1^{k_4-3}+d\lambda_2^{k_4-3})(a\lambda_1^{k_3-2}+b\lambda_2^{k_3-2})(a\lambda_1^{k_2-2}+b\lambda_2^{k_2-2})(c\lambda_1^{k_1-3}+d\lambda_2^{k_1-3})$$
$$+73(a\lambda_1^{k_4-2}+b\lambda_2^{k_4-2})(c\lambda_1^{k_3-3}+d\lambda_2^{k_3-3})(a\lambda_1^{k_2-2}+b\lambda_2^{k_2-2})(c\lambda_1^{k_1-3}+d\lambda_2^{k_1-3})$$
$$+27(c\lambda_1^{k_4-3}+d\lambda_2^{k_4-3})(c\lambda_1^{k_3-3}+d\lambda_2^{k_3-3})(a\lambda_1^{k_2-2}+b\lambda_2^{k_2-2})(c\lambda_1^{k_1-3}+d\lambda_2^{k_1-3})$$
$$+62(a\lambda_1^{k_4-2}+b\lambda_2^{k_4-2})(a\lambda_1^{k_3-2}+b\lambda_2^{k_3-2})(c\lambda_1^{k_2-3}+d\lambda_2^{k_2-3})(c\lambda_1^{k_1-3}+d\lambda_2^{k_1-3})$$
$$+27(a\lambda_1^{k_4-2}+b\lambda_2^{k_4-2})(c\lambda_1^{k_3-3}+d\lambda_2^{k_3-3})(c\lambda_1^{k_2-3}+d\lambda_2^{k_2-3})(c\lambda_1^{k_1-3}+d\lambda_2^{k_1-3})$$
$$+10(c\lambda_1^{k_4-3}+d\lambda_2^{k_4-3})(c\lambda_1^{k_3-3}+d\lambda_2^{k_3-3})(c\lambda_1^{k_2-3}+d\lambda_2^{k_2-3})(c\lambda_1^{k_1-3}+d\lambda_2^{k_1-3})$$
$$=(388a^4+672a^3c\lambda_1^{-1}+416a^2c^2\lambda_1^{-2}+108ac^3\lambda_1^{-3}+10c^4\lambda_1^{-4})\lambda_1^{k_1+k_2+k_3+k_4-8}$$
$$+(388a^3b+504a^2bc\lambda_1^{-1}+168a^3d\lambda_2^{-1}+208a^2cd\lambda_1^{-1}\lambda_2^{-1}+208abc^2\lambda_1^{-2}$$
$$+27bc^3\lambda_1^{-3}+81ac^2d\lambda_1^{-2}\lambda_2^{-1}+10c^3d\lambda_1^{-3}\lambda_2^{-1})(\lambda_1^{k_2+k_3+k_4-6}\lambda_2^{k_1-2}$$
$$+\lambda_1^{k_1+k_3+k_4-6}\lambda_2^{k_2-2}+\lambda_1^{k_1+k_2+k_3-6}\lambda_2^{k_4-2}+\lambda_1^{k_1+k_2+k_4-6}\lambda_2^{k_3-2})$$
$$+(388a^2b^2+336a^2bd\lambda_2^{-1}+336ab^2c\lambda_1^{-1}+62a^2d^2\lambda_2^{-2}+292abcd\lambda_1^{-1}\lambda_2^{-1}$$
$$+54bc^2d\lambda_1^{-2}\lambda_2^{-1}+54acd^2\lambda_1^{-1}\lambda_2^{-2}+10c^2d^2\lambda_1^{-2}\lambda_2^{-2}+62b^2c^2\lambda_1^{-2})$$

$$\times(\lambda_1^{k_3+k_4-4}\lambda_2^{k_1+k_2-4}+\lambda_1^{k_1+k_2-4}\lambda_2^{k_3+k_4-4})+(388a^2b^2+336ab^2c\lambda_1^{-1}$$
$$+336a^2bd\lambda_2^{-1}+270abcd\lambda_1^{-1}\lambda_2^{-1}+73b^2c^2\lambda_1^{-2}+54acd^2\lambda_1^{-1}\lambda_2^{-2}$$
$$+73a^2d^2\lambda_2^{-2}+54bc^2d\lambda_1^{-2}\lambda_2^{-1}+10c^2d^2\lambda_1^{-2}\lambda_2^{-2})$$
$$\times(\lambda_1^{k_2+k_4-4}\lambda_2^{k_1+k_3-4}+\lambda_1^{k_2+k_3-4}\lambda_2^{k_1+k_4-4})+(388a^2b^2+336a^2bd\lambda_2^{-1})$$
$$+336ab^2c\lambda_1^{-1}+10c^2d^2\lambda_1^{-2}\lambda_2^{-2})(\lambda_1^{k_1+k_4-4}\lambda_2^{k_2+k_3-4}+\lambda_1^{k_1+k_3-4}\lambda_2^{k_2+k_4-4})$$
$$+(388ab^3+504ab^2d\lambda_2^{-1}+168b^3c\lambda_1^{-1}+208abd^2\lambda_2^{-2}+208b^2cd\lambda_1^{-1}\lambda_2^{-1}.$$
$$+27ad^3\lambda_2^{-3}+81bcd^2\lambda_1^{-1}\lambda_2^{-2}+10d^3c\lambda_1^{-1}\lambda_2^{-3})(\lambda_1^{k_4-2}\lambda_2^{k_3+k_2+k_3-6}$$
$$+\lambda_1^{k_3-2}\lambda_2^{k_1+k_2+k_4-6}+\lambda_1^{k_2-2}\lambda_2^{k_1+k_3+k_4-6}+\lambda_1^{k_1-2}\lambda_2^{k_2+k_3+k_4-6}).$$

将 a,b,c,d,e,f,g,h 的值代入上面等式，并化简得到如下等式：

$$m(s(k_1,k_2,k_3,k_4))$$
$$=\frac{480349318935388254720+115002211105432903040\sqrt{17}}{85^4}\lambda_1^{k_1+k_2+k_3+k_4-8}$$
$$+\frac{480349318935388254720-115002211105432903040\sqrt{17}}{85^4}\lambda_2^{k_1+k_2+k_3+k_4-8}$$
$$+\frac{30414032207969280+7376486769300480\sqrt{17}}{85^4}$$
$$\times(\lambda_1^{k_1+k_3+k_4-6}\lambda_2^{k_2-2}+\lambda_1^{k_2+k_3+k_4-6}\lambda_2^{k_1-2}+\lambda_1^{k_1+k_2+k_4-6}\lambda_2^{k_3-2}+\lambda_1^{k_2+k_3+k_1-6}\lambda_2^{k_4-2})$$
$$+\frac{30414032207969280-7376486769300480\sqrt{17}}{85^4}$$
$$\times(\lambda_1^{k_2-2}\lambda_2^{k_1+k_3+k_4-6}+\lambda_1^{k_1-2}\lambda_2^{k_2+k_3+k_4-6}+\lambda_1^{k_3-2}\lambda_2^{k_1+k_2+k_4-6}+\lambda_1^{k_4-2}\lambda_2^{k_2+k_3+k_1-6})$$
$$+\frac{4606464312320}{85^4}$$
$$\times(\lambda_1^{k_2+k_4-4}\lambda_1^{k_1+k_3-4}+\lambda_1^{k_1+k_4-4}\lambda_1^{k_3+k_2-4}+\lambda_1^{k_2+k_3-4}\lambda_1^{k_1+k_4-4}+\lambda_1^{k_1+k_3-4}\lambda_1^{k_4+k_2-4})$$
$$-\frac{34907702036480}{85^4}(\lambda_1^{k_1+k_2-4}\lambda_1^{k_3+k_4-4}+\lambda_1^{k_3+k_4-4}\lambda_1^{k_1+k_2-4}).$$

因此定理 6.3.4 的结论成立.

第 7 章　多圈图的 Hosoya 指标

在本章中，我们研究两类多圈图 Hosoya 指标的上、下界. 其中，7.1 节介绍图族路粘接圈 Hosoya 指标的上、下界，7.2 节介绍 k 阶圈链 $Q(C_{s_1},P_2,C_{s_2},\cdots,P_2,C_{s_k})$ Hosoya 指标的上、下界.

7.1　图族路粘接圈 Hosoya 指标的上、下界

本节中，我们将确定图族路粘接圈 Hosoya 指标的上、下界，下面先给出两个引理.

引理 7.1.1　假设 s_1,s_2 都是正整数且满足 $s_i>3(i=1,2)$，则有 $m(Q(P_2;C_{s_1},C_{s_2}))\leqslant m(Q(P_2;C_3,C_{s_1+s_2-3}))$，当且仅当 $Q(P_2;C_{s_1},C_{s_2})\leqslant Q(P_2;C_3,C_{s_1+s_2-3})$ 等号成立.

证明　由引理 5.1.1 和引理 5.1.2，我们得到

$$\begin{aligned}m(Q(P_2;C_{s_1},C_{s_2}))&=m(C_{s_1})m(C_{s_2})+m(P_{s_1-1})m(P_{s_2-1})\\&=L_{s_1-1}L_{s_2-1}+F_{s_1-1}F_{s_2-1}\\&=\frac{6}{5}L_{s_1+s_2-2}-\frac{4}{5}(-1)^{s_1}L_{s_2-s_1}.\end{aligned}$$

$$\begin{aligned}m(Q(P_2;C_3,C_{s_1+s_2-3}))&=m(C_3)(C_{s_1+s_2}-3)+m(P_2)m(S_{s_1+s_2-4})\\&=L_2L_{s_2+s_2-4}+F_2F_{s_1+s_2-4}\\&=\frac{6}{5}L_{s_1+s_2-2}-\frac{4}{5}L_{s_2+s_1-6}.\end{aligned}$$

$$\begin{aligned}&m(Q(P_2;C_{s_1},C_{s_2}))-m(Q(P_2;C_3,C_{s_1+s_2-3}))\\&=\frac{4}{5}[(-1)^{s_1+1}L_{S_2-S_1}+L_{S_2+S_1-6}]\leqslant 0.\end{aligned}$$

所以引理 7.1.1 成立.

引理 7.1.2　假设 s_1,s_2 都是正整数且满足 $s_i>4(i=1,2)$，则有 $m(Q(P_2;C_{s_1},C_{s_2}))\geqslant m(Q(P_2;C_4,C_{s_1+s_2-4}))$，当且仅当 $Q(P_2;C_{s_1},C_{s_2})\cong Q(P_2;C_4,C_{s_1+s_2-4})$ 等号成立.

证明　由引理 5.1.1 和引理 5.1.2，我们得到

$$\begin{aligned}m(Q(P_2;C_{s_1},C_{s_2}))&=m(C_{s_1})m(C_{s_2})+m(P_{s_1-1})m(P_{s_2-1})\\&=L_{s_1-1}L_{s_2-1}+F_{s_1-1}F_{s_2-1}\\&=\frac{6}{5}L_{s_1+s_2-2}-\frac{4}{5}(-1)^{s_1}L_{s_2-s_1}.\end{aligned}$$

$$\begin{aligned}m(Q(P_2;C_4,C_{s_1+s_2-4}))&=m(C_4)m(C_{s_1+s_2}-4)+m(P_3)m(P_{s_1+s_2-5})\\&=L_3L_{s_1+s_2-5}+F_3F_{s_1+s_2-5}\\&=\frac{6}{5}L_{s_1+s_2-2}-\frac{4}{5}L_{s_2+s_1-8}.\end{aligned}$$

$$\begin{aligned}&m(Q(P_2;C_{s_1},C_{s_2}))-m(Q(P_2;C_4,C_{s_1+s_2-4}))\\&=\frac{4}{5}[L_{s_1+s_2-8}-(-1)^{s_1}L_{s_2-s_1}]\geqslant 0.\end{aligned}$$

所以定理 7.1.2 成立.

定理 7.1.1　假设 $s_1,s_2,\cdots,s_n$ 都是正整数且满足 $s_i\geqslant 3(i=1,2,\cdots,n)$，对图 $Q(P_n;C_{s_1},C_{s_2},\cdots,C_{s_n})$ 有下列不等式成立：

$$m(Q(P_n;C_{s_1},C_{s_2},\cdots,C_{s_n}))\leqslant m(Q(P_n;C_3,C_3,\cdots,C_3,C_{s_1+s_2+\cdots+s_n-3(n-1)})),$$

并且等号成立当且仅当

$$Q(P_n;C_{s_1},C_{s_2},\cdots,C_{s_n})\cong Q(P_n;C_3,C_3,\cdots,C_3,C_{s_1+s_2+\cdots+s_n-3(n-1)}).$$

证明（归纳法）　由引理 7.1.1 可知，当 $n=2$ 时，结论成立；假设当 $n\leqslant k$ 时结论对所有的 n 都成立，即有

$m(Q(P_k;C_{s_1},C_{s_2},\cdots,C_{s_k}))\leqslant m(Q(P_k;C_3,C_3,\cdots,C_3,C_{s_1+s_2+\cdots+s_k-3(k-1)}))$, 那么当 $n=k+1$ 时，由引理 7.1.1 和引理 7.1.2 和归纳假设，我们得到

$$\begin{aligned}&m(Q(P_{k+1};C_3,C_3,\cdots,C_3,C_{s_1+s_2+\cdots+s_k-3(k-1)}))\\&=m(Q(P_k;C_3,C_3,\cdots,C_3))L_{s_1+s_2+\cdots+s_{k+1}-3k-1}\\&\quad+m(Q(P_{k-1};C_3,C_3,\cdots,C_3))F_2F_{s_1+s_2+\cdots+s_{k+1}-3k-1}\\&=[10m(Q(P_{k-2};C_3,C_3,\cdots,C_3))+3m(Q(P_{k-3};C_3,C_3,\cdots,C_3))]\\&\quad\times L_{s_1+s_2+\cdots+s_{k+1}-3k-1}+[3m(Q(P_{k-2};C_3,C_3,\cdots,C_3))\\&\quad+m(Q(P_{k-3};C_3,C_3,\cdots,C_3))]F_2F_{s_1+s_2+\cdots+s_{k+1}-3k-1}\\&=\frac{1}{5}m(Q(P_{k-2};C_3,C_3,\cdots,C_3))(50L_{s_1+s_2+\cdots+s_{k+1}-3k-1}\\&\quad+3L_{s_1+s_2+\cdots+s_{k+1}-3k-1}-3L_{s_1+s_2+\cdots+s_{k+1}-3k-3})\\&\quad+\frac{1}{25}m(Q(P_{k-3};C_3,C_3,\cdots,C_3))(75L_{s_1+s_2+\cdots+s_{k+1}-3k-1}\end{aligned}$$

$$+5L_{s_1+s_2+\cdots+s_{k+1}-3k+1}-5L_{s_1+s_2+\cdots+s_{k+1}-3k-3}).$$

$$m(Q(P_{k+1};C_{s_1},C_{s_2},\cdots,C_{s_k+1}))$$

$$\leqslant m(Q(P_{k-1};C_3,C_3,\cdots,C_3))L_{s_1+s_2+\cdots+s_k-3k+2}L_{s_{k+1}-1}$$

$$+m(Q(P_{k-2};C_3,C_3,\cdots,C_3))F_2F_{s_1+s_2+\cdots+s_k-3k+2}L_{s_{k+1}-1}$$

$$+m(Q(P_{k-2};C_3,C_3,\cdots,C_3))L_{s_1+s_2+\cdots+s_{k-1}-3k+5}F_{s_k-1}F_{s_{k+1}-1}$$

$$+m(Q(P_{k-3};C_3,C_3,\cdots,C_3))F_2F_{s_1+s_2+\cdots+s_{k-1}-3k+5}F_{s_k-1}F_{s_{k+1}-1}$$

$$=m(Q(P_{k-1};C_3,C_3,\cdots,C_3))[L_{s_1+s_2+\cdots+s_k-3k+1}-(-1)^{s_{k+1}}L_{s_1+s_2+\cdots+s_k-s_{k+1}-3k+3}]$$

$$+\frac{1}{5}m(Q(P_{k-2};C_3,C_3,\cdots,C_3))(L_{s_1+s_2+\cdots+s_k-3k+4}-L_{s_1+s_2+\cdots+s_k-3k})L_{s_{k+1}-1}$$

$$+[L_{s_k+s_{k+1}-2}+(-1)^{s_{k+1}}L_{s_k-s_{k+1}}\,0L_{s_1+s_2+\cdots+s_{k-1}-3k+5}]$$

$$+\frac{1}{25}m(Q(P_{k-3};C_3,C_3,\cdots,C_3))[L_{s_k+s_{k+1}-2}+(-1)^{s_{k+1}}L_{s_k-s_{k+1}}]$$

$$\times(L_{s_1+s_2+\cdots+s_k-3k+7}-L_{s_1+s_2+\cdots+s_{k-1}-3k+3})$$

$$+\frac{1}{5}m(Q(P_{k-2};C_3,C_3,\cdots,C_3))(15L_{s_1+s_2+\cdots+s_{k+1}-3k+1}$$

$$+2L_{s_1+s_2+\cdots+s_{k+1}-3k+3}-L_{s_1+s_2+\cdots+s_{k+1}-3k-1})$$

$$-(-1)^{s_{k+1}}(15L_{s_1+s_2+\cdots+s_k-s_{k+1}-3k+3}-L_{s_1+s_2+\cdots+s_k-s_{k+1}-3k+1})$$

$$+(-1)^{s_k}L_{s_1+s_2+\cdots+s_{k-1}-s_k+s_{k+1}-3k+5}+(-1)^{s_k+s_{k+1}}L_{s_1+s_2+\cdots+s_{k-1}-s_k-s_{k+1}-3k+7}$$

$$+\frac{1}{25}m(Q(P_{k-3};C_3,C_3,\cdots,C_3))[24L_{s_1+s_2+\cdots+s_{k+1}-3k+1}+L_{s_1+s_2+\cdots+s_{k+1}-3k+5}$$

$$-(-1)^{s_{k+1}}(26L_{s_1+s_2+\cdots+s_k-s_{k+1}-3k+3}-L_{s_1+s_2+\cdots+s_k-s_{k+1}-3k+7})$$

$$-(-1)^{s_k}(L_{s_1+s_2+\cdots+s_{k-1}-s_k+s_{k+1}-3k+7}-L_{s_1+s_2+\cdots+s_{k-1}-s_k+s_{k+1}-3k+3})$$

$$+(-1)^{s_k+s_{k+1}}(L_{s_1+s_2+\cdots+s_{k-1}-s_k-s_{k+1}-3k+9}-L_{s_1+s_2+\cdots+s_{k-1}-s_k-s_{k+1}-3k+5})].$$

$$m(Q(P_{k+1};C_{s_1};C_{s_2},\cdots,C_{s_k+1}))-m(Q(P_{k+1};C_3,C_3,\cdots,C_3,C_{s_1+s_2+\cdots+s_{k+1}-3k}))$$

$$\leqslant\frac{1}{5}m(Q(P_{k-2};C_3,C_3,\cdots,C_3))[12L_{s_1+s_2+\cdots+s_{k+1}-3k+1}$$

$$+2L_{s_1+s_2+\cdots+s_{k+1}-3k+3}-51L_{s_1+s_2+\cdots+s_{k+1}-3k-1}+3L_{s_1+s_2+\cdots+s_{k+1}-3k-3}$$

$$-(-1)^{s_{k+1}}(15L_{s_1+s_2+\cdots+s_k-s_{k+1}-3k+3}-L_{s_1+s_2+\cdots+s_k-s_{k+1}-3k+1})$$

$$+(-1)^{s_k}L_{s_1+s_2+\cdots+s_{k-1}-s_k+s_{k+1}-3k+5}$$

$$+(-1)^{s_k+s_{k+1}}L_{s_1+s_2+\cdots+s_{k-1}-s_k-s_{k+1}-3k+7}]$$

$$+\frac{1}{25}m(Q(P_{k-3};C_3,C_3,\cdots,C_3))[19L_{s_1+s_2+\cdots+s_{k+1}-3k+1}$$

$$+L_{s_1+s_2+\cdots+s_{k+1}-3k+5}+5L_{s_1+s_2+\cdots+s_{k+1}-3k-3}-75L_{s_1+s_2+\cdots+s_{k+1}-3k-1}$$

$$-(-1)^{s_{k+1}}(26L_{s_1+s_2+\cdots+s_k-s_{k+1}-3k+3}-L_{s_1+s_2+\cdots+s_k-s_{k+1}-3k+7})$$

$$+(-1)^{s_k}(L_{s_1+s_2+\cdots+s_{k-1}-s_k+s_{k+1}-3k+7}-L_{s_1+s_2+\cdots+s_{k-1}-s_k+s_{k+1}-3k+3})$$
$$+(-1)^{s_k+s_{k+1}}L_{s_1+s_2+\cdots+s_{k-1}-s_k-s_{k+1}-3k+9}$$
$$-L_{s_1+s_2+\cdots+s_{k-1}-s_k-s_{k+1}-3k+5})].$$

定理 7.1.2　假设 $s_1,s_2,\cdots,s_n$ 都是正整数且满足 $s_i\geqslant 4(i=1,2,\cdots,n)$，对图 $Q(P_n;C_{s_1},C_{s_2},\cdots,C_{s_n})$，有下列不等式成立：

$$m(Q(P_n;C_{s_1},C_{s_2},\cdots,C_{s_n}))\geqslant m(Q(P_n;C_4,C_4,\cdots,C_4,C_{s_1+s_2+\cdots s_n-4(n-1)}))，$$

并且等号成立当且仅当

$$Q(P_n;C_{s_1},C_{s_2},\cdots,C_{s_n})\cong Q(P_n;C_4,C_4,\cdots,C_4,C_{s_1+s_2+\cdots s_n-4(n-1)}).$$

证明（归纳法）　由引理 7.1.2 可知，当 $n=2$ 时，结论成立；假设当 $n\leqslant k$ 时，结论对一切 n 都成立，即有

$$m(Q(P_n;C_{s_1},C_{s_2},\cdots,C_{s_k}))\geqslant m(Q(P_n;C_4;C_4,\cdots,C_4,C_{s_1+s_2+\cdots+s_k-4(k-1)})),$$

那么当 $n=k+1$ 时，由引理 7.1.1、引理 7.1.2 和归纳假设，我们得到

$$m(Q(P_{k+1};C_4,C_4,\cdots,C_4,C_{s_1+s_2+\cdots+s_{k+1}-4k}))$$
$$=m(Q(P_k;C_4,C_4,\cdots,C_4))L_{s_1+s_2+\cdots+s_{k+1}-4k-1}$$
$$+m(Q(P_{k-1};C_4,C_4,\cdots,C_4))F_3F_{s_1+s_2+\cdots+s_{k+1}-4k-1}$$
$$=\frac{1}{5}m(Q(P_{k-2};C_4,C_4,\cdots,C_4))(100L_{s_1+s_2+\cdots+s_{k+1}-4k-1}$$
$$+4L_{s_1+s_2+\cdots+s_{k+1}-4k+2}+4L_{s_1+s_2+\cdots+s_{k+1}-4k-4})$$
$$=\frac{1}{25}m(Q(P_{k-3};C_4,C_4,\cdots,C_4))[400L_{s_1+s_2+\cdots+s_{k+1}-4k-1}$$
$$\times(20L_{s_1+s_2+\cdots+s_{k+1}-4k+2}+20L_{s_1+s_2+\cdots+s_{k+1}-4k-4})].$$
$$m(Q(P_{k+1};C_{s_1},C_{s_2},\cdots,C_{s_{k+1}}))$$
$$\geqslant m(Q(P_k;C_4,C_4,\cdots,C_4,C_{s_1+s_2+\cdots+s_k-4(k-1)}))L_{s_{k+1}-1}$$
$$+m(Q(P_{k-1};C_4,C_4,\cdots,C_4,C_{s_1+s_2+\cdots+s_{k-1}-4(k-2)}))F_{s_k-1}F_{s_{k+1}-1}$$
$$=m(Q(P_{k-1};C_4,C_4,\cdots,C_4))[L_{s_1+s_2+\cdots+s_{k+1}-4k+2}$$
$$-(-1)^{s_{k+1}}L_{s_1+s_2+\cdots+s_k-s_{k+1}-4k+4}]+\frac{1}{5}m(Q(P_{k-2};C_4,C_4,\cdots,C_4))$$
$$\times[L_{s_1+s_2+\cdots+s_k-4k+6}L_{s_{k+1}-1}+L_{s_1+s_2+\cdots+s_k-4k}L_{s_{k+1}-1}$$
$$+L_{s_1+s_2+\ldots+s_{k-1}-4k+7}L_{s_k+s_{k+1}-2}$$
$$+(-1)^{s_{k+1}}L_{s_1+s_2+\cdots+s_{k-1}-4k+7}L_{s_k-s_{k+1}}]$$
$$=\frac{1}{25}m(Q(P_{k-3};C_4,C_4,\cdots,C_4))(L_{s_1+s_2+\cdots+s_{k-1}-4k+10}$$

$$
\begin{aligned}
&+L_{s_1+s_2+\cdots+s_{k-1}-4k+4})[L_{s_k+s_{k+1}-2}+(-1)^{s_{k+1}}L_{s_k-s_{k+1}}]\\
=&\frac{1}{5}m(Q(P_{k-2};C_4,C_4,\cdots,C_4))[20L_{s_1+s_2+\cdots+s_{k+1}-4k+2}\\
&+L_{s_1+s_2+\cdots+s_{k+1}-4k-1}+2L_{s_1+s_2+\cdots+s_{k+1}-4k+5}\\
&+(-1)^{s_k}L_{s_1+s_2+\cdots+s_{k-1}-s_k+s_{k+1}-4k+7}\\
&-(-1)^{s_{k+1}}(20L_{s_1+s_2+\cdots+s_k+s_{k+1}-4k+4}+L_{s_1+s_2+\cdots+s_k-s_{k+1}-4k+1})\\
&-(-1)^{s_k+s_{k+1}}L_{s_1+s_2+\cdots+s_{k-1}-s_k-s_{k+1}-4k+9}]\\
&+\frac{1}{25}m(Q(P_{k-3};C_4,C_4,\cdots,C_4))[101L_{s_1+s_2+\cdots+s_{k+1}-4k+2}\\
&+L_{s_1+s_2+\cdots+s_{k+1}-4k+8}+(-1)^{s_k}(L_{s_1+s_2+\cdots+s_{k-1}-s_k+s_{k+1}-4k+10}\\
&+L_{s_1+s_2+\cdots+s_{k-1}-s_k+s_{k+1}-4k+4})\\
&-(-1)^{s_{k+1}}(99L_{s_1+s_2+\cdots+s_k-s_{k+1}-4k+4}-L_{s_1+s_2+\cdots+s_k-s_{k+1}-4k+10})\\
&-(-1)^{s_k+s_{k+1}}(L_{s_1+s_2+\cdots+s_{k-1}-s_k-s_{k+1}-4k+12}\\
&+L_{s_1+s_2+\cdots+s_{k-1}-s_k-s_{k+1}-4k+6})].\\
&m(Q(P_{k+1};C_{s_1},C_{s_2},\cdots,C_{s_{k+1}}))-m(Q(P_{k+1};C_4,C_4,\cdots,C_4,C_{s_1+s_2+\cdots+s_{k+1}-4k}))\\
\geqslant&\frac{1}{5}m(Q(P_{k-2};C_4,C_4,\cdots,C_4))(2L_{s_1+s_2+\cdots+s_{k+1}-4k+5}\\
&-99L_{s_1+s_2+\cdots+s_{k+1}-4k-1}-4L_{s_1+s_2+\cdots+s_{k+1}-4k-4}\\
&+16L_{s_1+s_2+\cdots+s_{k+1}-4k+2}).
\end{aligned}
$$

7.2 k 阶圈链 $Q(C_{s_1},P_2,C_{s_2},\cdots,P_2,C_{s_k})$ Hosoya 指标的上、下界

图族 k 阶圈链 $Q(C_{s_1},P_2,C_{s_2},\cdots,P_2,C_{s_k})$ 是 n 个顶点的图，由 k 个圈 $C_{s_1},C_{s_2},\cdots,C_{s_k}$ 通过使相邻两个圈 C_i 和 $C_{i+1}(s_i\geqslant 3,i=1,2,\cdots,k-1)$ 分别被路 P_2 的两个顶点点粘接而得到；图族 $Q(C_{s_1},P_2,C_{s_2},\cdots,P_2,C_{s_k},P_2,v,\{P_{l_1},P_{l_2}\})$ 是由 k 阶圈链 $Q(C_{s_1},P_2,C_{s_2},\cdots,P_2,C_{s_k})$ 图的圈 C_{s_k} 的顶点 $u_i(i=1,2,\cdots,s_k-1)$ 处点粘接 P_2，然后在 P_2 的另一个顶点 v 处同时点粘接两条路 P_{l_1},P_{l_2} 得到. 本节通过对图族 k 阶圈链 $Q(C_{s_1},P_2,C_{s_2},\cdots,P_2,C_{s_k})$ 的 Hosoya 指标进行研究，刻画出了该类图族的 Hosoya 指标取得最大值时的图是 $Q(C_4,P_2,C_4,\cdots,P_2,C_{n-4(k-1)})$. 为了便于直观理解证明过程和表示方法的美观，我们将 Fibonacci 数列和 Lucas 数列符号分别记作 F_n, L_n 或者 $F(n),L(n)$.

定理 7.2.1 设图族 $Q(C_m,P_2,C_{n-m})$ 是顶点数为 n 的 2 阶圈链，则有

$$m(Q(C_m,P_2,C_{n-m}))\leqslant m(Q(C_4,P_2,C_{n-4}))\text{,}$$

并且等号成立当且仅当

$$Q(C_m,P_2,C_{n-m})\cong Q(C_4,P_2,C_{n-4})\,.$$

证明　由 Hosoya 指标的定义和引理 5.1.1 及引理 5.1.2，得到

$$\begin{aligned}
&m(Q(C_m,P_2,C_{n-m}))\\
&=L(m)L(n-m)+F(m)F(n-m)\\
&=L(n)+(-1)^m L(n-2m)+\frac{1}{3}(L(n)-(-1)^m L(n-2m))\\
&=\frac{6}{5}L(n)+(-1)^m\frac{4}{5}L(n-2m).
\end{aligned}$$

由上式可知，当 $m=4$ 时，图族 $Q(C_m,P_2,C_{n-m})$ 的 Hosoya 指标取得最大值，所以定理的结论成立.

定理 7.2.2　设图族 $Q(C_m,P_2,C_{n-m},P_2,v,\{P_{l_1},P_{l_2}\})$ 是圈上的顶点数为 n 的 2 阶圈链，则有

$$m(Q(C_m,P_2,C_{n-m},P_2,v,\{P_{l_1},P_{l_2}\}))\leqslant m(Q(C_4,P_2,C_{n-4},P_2,v,\{P_{l_1},P_{l_2}\}))\,,$$

并且等号成立当且仅当

$$Q(C_m,P_2,C_{n-m},P_2,v,\{P_{l_1},P_{l_2}\})\cong Q(C_4,P_2,C_{n-4},P_2,v,\{P_{l_1},P_{l_2}\})\,.$$

证明　由 Hosoya 指标的定义和引理 5.1.1 及引理 5.1.2，得到

$$\begin{aligned}
&Q(C_m,P_2,C_{n-m},P_2,v,\{P_{l_1},P_{l_2}\})\\
&=L(m)[L(n-m)F(l_1+l_2)+F(n-m)F(l_1)F(l_2)]\\
&\quad+F(m)[F(n-m)F(l_1)F(l_2)+F(i+1)F(n-m-i-1)F(l_1)F(l_2)]\\
&=F(l_1+l_2)[L(n)+(-1)^m L(n-2m)]\\
&\quad+F(l_1)F(l_2)[F(n)+(-1)^m F(n-2m)]\\
&\quad+\frac{1}{5}F(l_1+l_2)[L(n)-(-1)^m L(n-2m)]\\
&\quad+\frac{1}{5}F(l_1)F(l_2)[F(i+1)L(n-i-1)\\
&\quad-(-1)^m F(i+1)L(n-2m-i-1)]\\
&=\frac{1}{5}\{F(l_1+l_2)[6L(n)-4(-1)^m L(n-2m)]\\
&\quad+F(l_1)F(l_2)[6F(n)+4(-1)^m F(n-2m)+(-1)^i F(n-2i-2)\\
&\quad-(-1)^i F(n-2m-2i-2)]\}\,.
\end{aligned}$$

由上式可知，当 $m=4,i=0$ 时，图族 $Q(C_m,P_2,C_{n-m},P_2,v,\{P_{l_1},P_{l_2}\})$ 的 Hosoya 指标取得最大值.

用 $a_{4,k},b_{4,k}$ 分别表示 k 个圈的图族 $Q(C_4,P_2,C_4,\cdots,P_2,C_4)$ 和图族 $Q(C_4,P_2,C_4,\cdots,$

$P_2,C_4,P_2,v,\{P_1,P_3\})$ 的 Hosoya 指标，则有下列定理成立.

定理 7.2.3 设图族 $Q(C_4,P_2,C_4,\cdots,P_2,C_4)$ 和图族 $Q(C_4,P_2,C_4,\cdots,P_2,C_4,P_2,v,\{P_1,P_3\})$ 的顶点数分别是 $4k$ 和 $4k+3$ 的 k 阶圈链（图 7.2.1），则有：

（1）$a_{4,k}=7a_{4,k-1}+3a_{4,k-2}$；

（2）$b_{4,k}=3a_{4,k}+2b_{4,k-1}$.

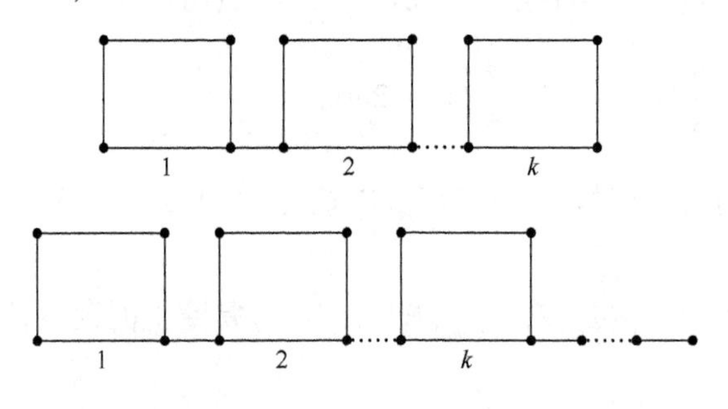

图 7.2.1 k 阶圈链

证明 由引理 5.1.1、引理 5.1.2 及 Hosoya 指标的定义易证得结论成立.

定理 7.2.4 设图族 $Q(C_{s_1},P_2,C_{s_2},\cdots,P_2,C_{s_k},P_2,v,\{P_{l_1},P_{l_2}\})$ 是圈的顶点数为 n 的 k 阶圈链，则有

$$m(Q(C_{s_1},P_2,C_{s_2},\cdots,P_2,C_{s_k},P_2,v,\{P_{l_1},P_{l_2}\}))$$
$$\leqslant m(Q(C_4,P_2,C_4,\cdots,P_2,C_{n-4(k-1)},P_2,v,\{P_{l_1},P_{l_2}\}))\,,$$

并且等号成立当且仅当

$$Q(C_{s_1},P_2,C_{s_2},\cdots,P_2,C_{s_k},P_2,v,\{P_{l_1},P_{l_2}\})\cong Q(C_4,P_2,C_4,\cdots,P_2,C_{n-4(k-1)},P_2,v,\{P_{l_1},P_{l_2}\}).$$

证明（归纳法） 证明方法和思路与下面的定理 7.2.5 相似，在此省略.

定理 7.2.5 设图族 $Q(C_{s_1},P_2,C_{s_2},\cdots,P_2,C_{s_k})$ 是 n 个顶点的 k 阶圈链（图 7.2.2），则有

$$m(Q(C_{s_1},P_2,C_{s_2},\cdots,P_2,C_{s_k}))\leqslant m(Q(C_4,P_2,C_4,\cdots,P_2,C_{n-4(k-1)}))\,,$$

并且等号成立当且仅当

$$Q(C_{s_1},P_2,C_{s_2},\cdots,P_2,C_{s_k})\cong Q(C_4,P_2,C_4,\cdots,P_2,C_{n-4(k-1)}).$$

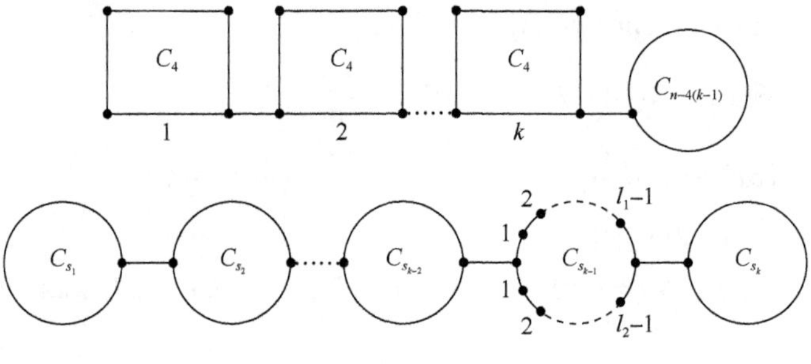

图 7.2.2 n 个顶点的 k 阶圈链

证明（归纳法）　当圈链的阶数为 2 时，由定理 7.2.1 可知，结论成立. 假设定理 7.2.5 的结论对圈链的阶数小于 k 的自然数都成立. 在图 7.2.2 的标记中，我们假设 $l_1\geqslant 2, l_2\geqslant 2$，那么当阶数为 k 时，由 Hosoya 指标的定义及引理 5.1.1、引理 5.1.2 和定理 7.2.4，得到

$$
\begin{aligned}
&m(Q(C_{s_1},P_2,C_{s_2},\cdots,P_2,C_{s_k}))\\
\leqslant\ & a_{4,k-2}[L(s_k)L(s_1+s_2+\cdots+s_{k-1}-4k+8)]\\
&+b_{4,k-3}[L(s_k)F(s_1+s_2+\cdots+s_{k-1}-4k+8)]\\
&+a_{4,k-3}[F(s_k)L(s_1+s_2+\cdots+s_{k-2}-4k+12)F(l_1+l_2)\\
&+F(s_k)F(s_1+s_2+\cdots+s_{k-2}-4k+12)F(l_1)F(l_2)\\
&+b_{4,k-4}[F(l_1+l_2)F(s_k)F(s_1+s_2+\cdots+s_{k-2}-4k+12)\\
&+F(l_1)F(l_2)F(s_k)F(s_1+s_2+\cdots+s_{k-2}-4k+12-1)]\\
=\ & a_{4,k-2}[L(s_1+s_2+\cdots+s_{k-1}+s_k-4k+8)\\
&+(-1)^{s_k}L(s_1+s_2+\cdots+s_{k-1}-s_k-4k+8)]\\
&+\frac{1}{5}b_{4,k-3}[L(s_1+s_2+\cdots+s_{k-1}+s_k-4k+8+2)\\
&-L(s_1+s_2+\cdots+s_{k-1}+s_k-4k+8+2)\\
&+(-1)^{s_k}L(s_1+s_2+\cdots+s_{k-1}-s_k-4k+8+2)\\
&+(-1)^{s_k}L(s_1+s_2+\cdots+s_{k-1}-s_k-4k+8-2)]\\
&+\frac{1}{5}a_{4,k-3}\{L(s_1+s_2+\cdots+s_{k-2}+s_{k-1}+s_k-4k+12)\\
&-(-1)^{s_{k-1}}L(s_1+s_2+\cdots+s_{k-2}+s_k-s_{k-1}-4k+12)\\
&-(-1)^{s_k}L(s_1+s_2+\cdots+s_{k-2}+s_{k-1}-s_k-4k+12)\\
&+(-1)^{s_k-s_{k-1}}L(s_1+s_2+\cdots+s_{k-2}-s_{k-1}-s_k-4k+12)\\
&+F(l_1)F(l_2)[L(s_1+s_2+\cdots+s_{k-2}+s_{k-1}+s_k-4k+12)\\
&-(-1)^{s_k}L(s_1+s_2+\cdots+s_{k-2}+s_{k-1}-s_k-4k+12)]\}\\
&+\frac{1}{25}b_{4,k-4}\{L(s_1+s_2+\cdots+s_{k-2}+s_{k-1}+s_k-4k+12+2)\\
&-L(s_1+s_2+\cdots+s_{k-2}+s_{k-1}+s_k-4k+12-2)\\
&-(-1)^{s_{k-1}}L(s_1+s_2+\cdots+s_{k-2}+s_k-s_{k-1}-4k+12+2)\\
&-(-1)^{s_{k-1}}L(s_1+s_2+\cdots+s_{k-2}+s_k-s_{k-1}-4k+12-2)\\
&-(-1)^{s_k}L(s_1+s_2+\cdots+s_{k-2}+s_{k-1}-s_k-4k+12+2)\\
&+(-1)^{s_k}L(s_1+s_2+\cdots+s_{k-2}+s_{k-1}-s_k-4k+12-2)\\
&+(-1)^{s_k-s_{k-1}}L(s_1+s_2+\cdots+s_{k-2}-s_{k-1}-s_k-4k+12+2)\\
&-(-1)^{s_k-s_{k-1}}L(s_1+s_2+\cdots+s_{k-2}-s_{k-1}-s_k-4k+12-2)\\
&+5F(l_1)F(l_2)[L(s_1+s_2+\cdots+s_{k-2}+s_{k-1}+s_k-4k+12-1)
\end{aligned}
$$

$$
\begin{aligned}
&-(-1)^{s_k} L(s_1+s_2+\cdots+s_{k-2}+s_{k-1}-s_k-4k+12-1)]\}.\\
&m(Q(C_4,P_2,C_4,\cdots,P_2,C_{n-4(k-1)}))\\
=&a_{4,k-1}L(s_1+s_2+\cdots+s_{k-2}+s_{k-1}+s_k-4k+4)\\
&+b_{4,k-2}F(s_1+s_2+\cdots+s_{k-2}+s_{k-1}+s_k-4k+4)\\
=&a_{4,k-2}[7L(s_1+s_2+\cdots+s_{k-2}+s_{k-1}+s_k-4k+4)\\
&+3F(2)F(s_1+s_2+\cdots+s_{k-2}+s_{k-1}+s_k-4k+4)]\\
&+b_{4,k-3}[3L(s_1+s_2+\cdots+s_{k-2}+s_{k-1}+s_k-4k+4)\\
&+2F(2)F(s_1+s_2+\cdots+s_{k-2}+s_{k-1}+s_k-4k+4)]\\
=&\frac{1}{5}a_{4,k-2}[35L(s_1+s_2+\cdots+s_{k-2}+s_{k-1}+s_k-4k+4)\\
&+3L(s_1+s_2+\cdots+s_{k-2}+s_{k-1}+s_k-4k+4+2)\\
&-3L(s_1+s_2+\cdots+s_{k-2}+s_{k-1}+s_k-4k+4-2)]\\
&+\frac{1}{5}b_{4,k-2}[35L(s_1+s_2+\cdots+s_{k-2}+s_{k-1}+s_k-4k+4)\\
&+2L(s_1+s_2+\cdots+s_{k-2}+s_{k-1}+s_k-4k+4+2)\\
&-2L(s_1+s_2+\cdots+s_{k-2}+s_{k-1}+s_k-4k+4-2)].\\
&m(Q(C_4,P_2,C_4,\cdots,P_2,C_{n-4(k-1)}))-m(Q(C_{s_1},P_2,C_{s_2},\cdots,P_2,C_{s_k}))\\
\geqslant&\frac{1}{5}a_{4,k-2}[35L(s_1+s_2+\cdots+s_{k-2}+s_{k-1}+s_k-4k+4)\\
&+3L(s_1+s_2+\cdots+s_{k-2}+s_{k-1}+s_k-4k+4+2)\\
&-3L(s_1+s_2+\cdots+s_{k-2}+s_{k-1}+s_k-4k+4-2)\\
&-5L(s_1+s_2+\cdots+s_{k-2}+s_{k-1}+s_k-4k+8)\\
&-5(-1)^{s_k} L(s_1+s_2+\cdots+s_{k-2}+s_{k-1}-s_k-4k+8)]\\
&+\frac{1}{5}b_{4,k-3}[15L(s_1+s_2+\cdots+s_{k-2}+s_{k-1}+s_k-4k+4)\\
&+2L(s_1+s_2+\cdots+s_{k-2}+s_{k-1}+s_k-4k+4+2)\\
&-2L(s_1+s_2+\cdots+s_{k-2}+s_{k-1}+s_k-4k+4-2)\\
&-L(s_1+s_2+\cdots+s_{k-2}+s_{k-1}+s_k-4k+8+2)\\
&+L(s_1+s_2+\cdots+s_{k-2}+s_{k-1}+s_k-4k+8-2)\\
&-(-1)^{s_k} L(s_1+s_2+\cdots+s_{k-2}+s_{k-1}-s_k-4k+8+2)\\
&+(-1)^{s_k} L(s_1+s_2+\cdots+s_{k-2}+s_{k-1}-s_k-4k+8-2)]\\
&-\frac{1}{5}a_{4,k-3}\{L(s_1+s_2+\cdots+s_{k-2}+s_{k-1}+s_k-4k+12)\\
&-(-1)^{s_{k-1}} L(s_1+s_2+\cdots+s_{k-2}+s_k-s_{k-1}-4k+12)\\
&-(-1)^{s_k} L(s_1+s_2+\cdots+s_{k-2}+s_{k-1}-s_k-4k+12)
\end{aligned}
$$

$$
\begin{aligned}
&+(-1)^{s_k-s_{k-1}}L(s_1+s_2+\cdots+s_{k-2}-s_{k-1}-s_k-4k+12)\\
&+F(l_1)F(l_2)L[s_1+s_2+\cdots+s_{k-2}+s_{k-1}+s_k-4k+12)\\
&-(-1)^{s_k}L(s_1+s_2+\cdots+s_{k-2}+s_{k-1}-s_k-4k+12)]\}\\
&-\frac{1}{25}b_{4,k-4}\{L(s_1+s_2+\cdots+s_{k-2}+s_{k-1}+s_k-4k+12+2)\\
&-L(s_1+s_2+\cdots+s_{k-2}+s_{k-1}+s_k-4k+12-2)\\
&-(-1)^{s_{k-1}}L(s_1+s_2+\cdots+s_{k-2}+s_k-s_{k-1}-4k+12+2)\\
&+(-1)^{s_{k-1}}L(s_1+s_2+\cdots+s_{k-2}+s_k-s_{k-1}-4k+12-2)\\
&-(-1)^{s_k}L(s_1+s_2+\cdots+s_{k-2}+s_{k-1}-s_k-4k+12+2)\\
&+(-1)^{s_k}L(s_1+s_2+\cdots+s_{k-2}+s_{k-1}-s_k-4k+12-2)\\
&+(-1)^{s_k-s_{k-1}}L(s_1+s_2+\cdots+s_{k-2}-s_{k-1}-s_k-4k+12+2)\\
&-(-1)^{s_k-s_{k-1}}L(s_1+s_2+\cdots+s_{k-2}-s_{k-1}-s_k-4k+12-2)\\
&+5F(l_1)F(l_2)[L(s_1+s_2+\cdots+s_{k-2}+s_{k-1}+s_k-4k+12-1)\\
&-(-1)^{s_k}L(s_1+s_2+\cdots+s_{k-2}+s_{k-1}-s_k-4k+12-1)]\}.
\end{aligned}
$$

由图 7.2.2 的标记方法及假设可知 $l_1+l_2=s_{k-1},l_1\geqslant 2,l_2\geqslant 2,s_i\geqslant 3(i=1,2,3,\cdots,k)$，所以

$$
\begin{aligned}
&m(Q(C_4,P_2,C_4,\cdots,P_2,C_{n-4(k-1)}))-m(Q(C_{s_1},P_2,C_{s_2},\cdots,P_2,C_{s_k}))\\
\geqslant&\frac{1}{5}a_{4,k-3}[292L(s_1+s_2+\cdots+s_{k-2}-4k+12)\\
&+30L(s_1+s_2+\cdots+s_{k-2}-4k+14)-30L(s_1+s_2+\cdots+s_{k-2}-4k+10)\\
&-36L(s_1+s_2+\cdots+s_{k-2}-4k+16)-34L(s_1+s_2+\cdots+s_{k-2}-4k+8)\\
&-3L(s_1+s_2+\cdots+s_{k-2}-4k+18)+3L(s_1+s_2+\cdots+s_{k-2}-4k+6)\\
&-L(s_1+s_2+\cdots+s_{k-2}-4k+20)-L(s_1+s_2+\cdots+s_{k-2}-4k+4)]\\
&+\frac{1}{25}b_{4,k-4}[675L(s_1+s_2+\cdots+s_{k-2}-4k+12)\\
&+77L(s_1+s_2+\cdots+s_{k-2}-4k+14)-77L(s_1+s_2+\cdots+s_{k-2}-4k+10)\\
&-75L(s_1+s_2+\cdots+s_{k-2}-4k+16)-75L(s_1+s_2+\cdots+s_{k-2}-4k+8)\\
&-9L(s_1+s_2+\cdots+s_{k-2}-4k+18)+9L(s_1+s_2+\cdots+s_{k-2}-4k+6)\\
&-L(s_1+s_2+\cdots+s_{k-2}-4k+22)+L(s_1+s_2+\cdots+s_{k-2}-4k+2)\\
&-5L(s_1+s_2+\cdots+s_{k-2}-4k+15)+5L(s_1+s_2+\cdots+s_{k-2}-4k+7)]\\
=&\frac{1}{5}a_{4,k-3}[21L(s_1+s_2+\cdots+s_{k-2}-4k+9)\\
&+11L(s_1+s_2+\cdots+s_{k-2}-4k+8)+3L(s_1+s_2+\cdots+s_{k-2}-4k+5)\\
&+2L(s_1+s_2+\cdots+s_{k-2}-4k+4)]
\end{aligned}
$$

$$+\frac{1}{25}b_{4,k-4}[55L(s_1+s_2+\cdots+s_{k-2}-4k+9)$$
$$+31L(s_1+s_2+\cdots+s_{k-2}-4k+8)+5L(s_1+s_2+\cdots+s_{k-2}-4k+7)$$
$$+9L(s_1+s_2+\cdots+s_{k-2}-4k+6)+L(s_1+s_2+\cdots+s_{k-2}-4k+2)]\geqslant 0.$$

由上面的证明过程可知，当 k 取遍所有大于 1 的自然数时，结论都成立.

因此，k 阶圈链图族 $Q(C_{s_1},P_2,C_{s_2},\cdots,P_2,C_{s_k})$ 的 Hosoya 指标取得最大值时的图是 $Q(C_4,P_2,C_4,\cdots,P_2,C_{n-4(k-1)})$.

参 考 文 献

[1] HOSOYA H. Topological index[J]. Bulletin of the chemical society of Japan, 1971, 44(1): 2332-2339.

[2] BONDY J A, MURTY U S R. Graph theory with applications[M]. New York: Elsevier science Ltd, Macmillan, London and Elsevier, 1976.

[3] GUTMAN I. On Kekulé structure count of cata-condensed benzenoid hydrocarbons[J]. MATCH communications in mathematical and in computer chemistry, 1982, 13(1)：173-181.

[4] 徐俊明. 图论及其应用[M]. 北京：中国科学技术大学出版社，2003.

[5] 高随祥. 图论与网络流理论[M]. 北京：高等教育出版社，2009.

[6] 南基洙. 组合数学[M]. 北京：高等教育出版社，2008.

[7] HOSOYA H. Topological index as a common tool for quantum chemistry，statistical mechanics, and graph theory[J]//Mathematics and computational concepts in chemistry, 1988, 6(2): 110-123.

[8] GUTMAN I, CYVIN S J. Introduction to the theory of benzenoid hydrocarbons[M]. Berlin: Springer, 1989.

[9] MERRIFIELD R E, SIMMONS H E. Topological methods in chemistry[M]. New York: Wiley, 1989.

[10] GUTMAN I. Extremal hexagonal chains[J]. Journal of mathematical chemistry, 1993, 12(1): 197-210.

[11] ZHANG L Z. The proof of Gutman's conjectures concerning extremal hexagonal chains[J]. Journal of systems science and mathematical sciences, 1998, 18(4): 460-465.

[12] DOBRYNIN A A, GUTMAN I. The average Wiener index of hexagonal chains[J]. Computers & chemistry , 1999, 23(6): 571-576.

[13] ZHANG L Z, TIAN F. Extremal hexagonal chains concerning largest eigenvalue[J]. Science in China, 2001, 44(9): 1089-1097.

[14] ZHANG F J, LI Z M, WANG L S. Hexagonal chains with minimal total π-electron energy[J]. Chemical physics letters, 2001, 337(1-3): 125-130.

[15] SHIU W C, LAM P C B, ZHANG L Z. Extremal-cycle resonant hexagonal chains[J]. Journal of mathematical chemistry , 2003, 33(1): 17-28.

[16] ZHANG L Z, TIAN F. Extremal catacondensed benzenoids.[J]. Journal of mathematical chemistry, 2003, 34(1-2): 111-122.

[17] 陈景东. 两类特殊单圈图的 Merrifield-Simmons 指标极值的研究[J]. 山东大学学报，2006（3）：3-6.

[18] DENG H Y, CHEN S B, ZHANG J. The Merrifield-Simmons index in (n, n+1)- graphs[J]. Journal of mathematical chemistry, 2008, 43(1): 75-91.

[19] 陈景东. 两类特殊单圈图的 Merrifield-Simmons 指标序列[J]. 青海师范大学学报（自然科学版），2006（3）：4-6.

[20] 陈景东. 单圈图的最大 Merrifield-Simmons 指标[J]. 青海大学学报（自然科学版），2006，24（4）：62-67.

[21] 肖正明. 双星树的 Merrifield-Simmons 和 Hosoya 指数序[J]. 湖南城市学院学报（自然科学版），2007，16（4）：50-51, 59.

[22] 王波，冶成福. 单圈图 Merrifield-Simmons 指标的第三大值[J]. 山西大学学报（自然科学版），2008，31（1）：24-27.

[23] 晏惠琴. 一类 4 叶树的 Merrifield-Simmons 指标[J]. 青海师专学报（教育科学），2008，28（5）：9-11.

[24] 曾艳秋. 四角链关于 Hosoya 指标和 Merrifield-Simmons 指标的上下界[J]. 数学研究，2008，41（3）：256-263.

[25] 陈兰. 一类双圈图的 Merrifield-Simmons 指标和 Hosoya 指标序列[J]. 湖南文理学院学报（自然科学版），2008，20（4）：25-27.

[26] SHIU W C. Extremal Hosoya index and Merrifield-Simmons index of hexagonal spiders[J]. Discrete applied mathematics , 2008, 156 (15): 2978-2985.

[27] REN S Z, HE W S. The study of-index on $Q(P_K; C_{S_1}, C_{S_2}, \cdots, C_{S_K})$ graphs[J]. Scientia magna, 2008, 4 (4): 40-45.

[28] REN S Z. Merrifield-Simmons index of zig-zag tree-type hexagonal systems[J] . Scientia magna,2009(2): 45-49.

[29] 郭英英. 关于某类三圈、四圈图的两种指标的最值的研究[D]. 西宁：青海师范大学，2009.

[30] 陈兰. 单圈图 Merrifield-Simmons 指标的第五大值[J]. 青海师范大学学报（自然科学版），2009（1）：1-4.

[31] 陈兰. 单圈图（n=9，k=3）Merrifield-Simmons 指标的第五大值[J]. 青海大学学报，2009，27（3）：31-33.

[32] 陈兰. 单圈图 Merrifield-Simmons 指标的第四大值[J]. 西南师范大学学报（自然科学版），2009，34（3）：24-27.

[33] 高玉芬，魏晓丽. 具有给定悬挂点数目的树的 Merrifield-Simmons 指标极值[J]. 山东大学学报（理学版），2009，44（8）：16-20.

[34] 曹占月. Merrifield-Simmons 指标的性质研究[J]. 青海大学学报（自然科学版），2009，27（5）：52-53.

[35] 陈兰. 具有第四大和第五大 Merrifield-Simmons 指标的 n 阶单圈图[J]. 青海师范大学学报（自然科学版），2010，26（1）：9-11.

[36] 许克祥. 关于 Hosoya 指标和 Merrifield-Simmons 指标的 k 色极图[J]. 厦门大学学报（自然科学版），2010，49（3）：312-315.

[37] WAGNER S, GUTMAN I. Maxima and minimal of the Hosoya index and the Merrifield-Simmons index[J]. Acta applicandae mathematicae, 2010, 112: 323-346.

[38] 张淑敏. 有确定悬挂点数的树的 Merrifield-Simmons 指标的极小值[J]. 信阳师范学院学报（自然科学版），2010，23（3）：340-342.

[39] 陈香莲，张艳玲，白亚丽. 六元素环螺链的 Merrifield-Simmons 指标的计算[J]. 山东大学学报（理学版），2011，46（2）：51-56.

[40] 朱忠熏. $\Theta(n,g)$中关于 Hosoya 指标和 Merrifield-Simmons 指标的极值θ-图[J]. 中南民族大学学报（自然科学版），2011，30（1）：109-112.

[41] 李艳丽. 化学图中关于 Merrifield-Simmons 指标和 Randić 指标的相关研究[D]. 乌鲁木齐：新疆大学，2011.

[42] 周旭冉，王力工. 聚苯链 Merrifield-Simmons 指标的计算[J]. 纺织高校基础科学学报，2011，24（2）：248-242.

[43] 李艳丽，赵飚. 具有 Merrifield-Simmons 指标极值的直链蜘蛛图（英文）[J]. 新疆大学学报（自然科学版），2011，28（4）：405-410.

[44] 孟婷婷. 一些图中关于 Merrifield-Simmons 指标和 Hosoya 指标的相关研究[D]. 乌鲁木齐：新疆大学，2012.

[45] 晏惠琴. Merrifield-Simmons 指标在闭区间上的一类树的刻画[J]. 青海师范大学学报，2012，28（3）：7-9.

[46] 陈香莲，白亚丽，张艳玲. 关于多联苯链的 Merrifield-Simmons 指标的研究[J]. 伊犁师范学院学报（自然科学版），2012（3）：15-20.

[47] 陈香莲，李硕. 关于多边形螺环链的 Merrifield-Simmons 指标极值的研究[J]. 山东大学学报（理学版），2012，47（12）：47-52，63.

[48] 陈来焕，赵飚. 六边形链关于两个指标的计算（英文）[J]. 新疆大学学报（自然科学版），2012，29（4）：442-447.

[49] 温长昆. 空间三角链的某些拓扑指标[D]. 西宁：青海师范大学，2012.

[50] 万花. 两类三圈图的拓扑指标[D]. 西宁：青海师范大学，2012.

[51] 冶成福. 拓扑指标和拉普拉斯谱理论中的若干问题[D]. 武汉：华中师范大学，2012.

[52] 付佩锋. 关于双圈图和三圈图的 Merrifield-Simmons 指标的进一步研究[D]. 乌鲁木齐：新疆大学，2012.

[53] 任胜章. 几类图族的 Merrifield-Simmons 指标和 Hosoya 指标的研究[D]. 西安：西北大学，2012.

[54] 任胜章，郑国彪. 两类图族的 Merrifield-Simmons 指标的最大值[J]. 中山大学学报（自然科学版），2013（5）：64-67.

[55] 郑国彪. 图族 $Q(C_k, C_m, C_h, C_3, C_3, C_3; v)$的 Merrifield-Simmons 指标的研究[J]. 青海大学学报（自然科学版），2013，31（6）：66-68.

[56] 陈香莲，白亚丽，苏贵福. 偶多边形联链的 Merrifield-Simmons 指标的极值[J]. 陕西师范大学学报（自然科学版），2013，41（2）：19-23.

[57] 田文文，田双亮. 三元素链的 Merrifield-Simmons 指标和 Hosoya 指标[J]. 甘肃联合大学学报（自然科学版），2013，27（2）：5-7，13.

[58] 杨斐，田文文. 星链的 Merrifield-Simmons 指标和 Hosoya 指标[J]. 甘肃联合大学学报（自然科学版），2013，27（3）：7-8.

[59] 田文文，杨斐，田双亮. 五元素链的 Merrifield-Simmons 指标[J]. 吉林师范大学学报（自然科学版），2013，34（3）：53-56，59.

[60] 任胜章，郑国彪. 图族圈粘接圈的 Merrifield-Simmons 指标的最小值[J]. 青海大学学报（自然科学版），2013，31（3）：80-83.

[61] 田文文，田双亮. 四元素链的 Merrifield-Simmons 指标[J]. 贵州师范大学学报（自然科学版），2013，31（2）：65-68.

[62] 田文文，田双亮. 四角链的 Merrifield-Simmons 指标[J]. 山东理工大学学报（自然科学版），2013，27（3）：6-10.

[63] 田文文，田双亮， 张静. 极值五角链的 Merrifield-Simmons 指标和 Hosoya 指标研究[J]. 重庆文理学院学报（社会科学版），2013，32（5）：28-31.

[64] 田文文，田双亮. 三角链的 Merrifield-Simmons 指标和 Hosoya 指标[J]. 宁夏师范学院学报，2013，34（3）：10-14.

[65] 李霞丽. Vertebrated 图的若干拓扑指标[D]. 西宁：青海师范大学，2013.

[66] 陈来焕，赵飚. *m*-匹配树的较小的 Hosoya 指标[J]. 曲阜师范大学学报（自然科学版），2013，39（1）：44-50.

[67] 张静，田文文，田双亮. 一类特殊双圈图关于 Merrifield-Simmons 指标和 Hosoya 指标的排序[J]. 鲁东大学学报（自然科学版），2014，30（1）：4-6.

[68] 田双亮，田文文，王倩，等. 多元素链的 Merrifield-Simmons 指标和 Hosoya 指标[J]. 山西大学学报（自然科学版），2014，37（1）：48-52.

[69] 田文文，田双亮，何雪. 圈链的 Merrifield-Simmons 指标和 Hosoya 指标[J]. 西北师范大学学报（自然科学版），2014（4）：25-30.

[70] 田文文，田双亮. 一类特殊三圈图关于 Merrifield-Simmons 指标和 Hosoya 指标的排序[J]. 宁夏大学学报(自然科学版)，2014（3）：212-215.

[71] 王燕凤，马宁. 一类特殊单圈图关于 Merrifield-Simmons 指标和 Hosoya 指标的排序[J]. 兰州文理学院学报（自然科学版），2015，29（6）：11-14.

[72] 盛集明，沈艳军. *N* 维超立方体的 Merrifield-Simmons 指标[J]. 兰州理工大学学报，2015，41（5）：163-165.

[73] 田文文，田双亮，柴文丽. 一类$(n,n+2)$-图关于 Merrifield-Simmons 指标和 Hosoya 指标的排序[J]. 西北民族大学学报(自然科学版)，2015，36（2）：12-15.

[74] 赵晓翠. 圈连接图关于 Merrifield-Simmons 指标和 Hosoya 指标的排序[D]. 兰州：西北民族大学，2015.

[75] 谢笋. 三角树图和 $K4$ 树图的 Hosoya 指标和 Merrifield-Simmons 指标研究[D]. 西宁：青海师范大学，2015.

[76] 赵晓翠，田双亮，田文文. 一类$(m, m+3)$-图关于 Merrifield-Simmons 指标和 Hosoya 指标的排序[J]. 宁夏大学学报（自然科学版），2015，36（1）：12-15.

[77] 陈姝君，田双亮. 两类运算图的 Merrifield-Simmons 指标[J]. 重庆文理学院学报（社会科学版），2015（2）：37-39.

[78] 田文文，田双亮，郭敏. 一类特殊图关于 Merrifield-Simmons 指标和 Hosoya 指标的排序[J]. 黑龙江大学自然科学学报，2015，32（1）：58-62.

[79] 赵晓翠，田双亮，田文文. 几类图的 Merrifield-Simmons 指标及扇和轮的 Hosoya 指标[J]. 山东理工大学学报（自然科学版），2015（1）：27-31.

[80] 王树禾. 图论[M]. 2 版. 北京：科学出版社，2017.

[81] 柴文丽，田文文. 一类三圈图关于 Merrifield-Simmons 指标和 Hosoya 指标的排序[J]. 西北民族大学学报(自然科学版)，2015，36（4）：1-5.

[82] 刘睿琳，田双亮，田文文. 一类多圈图关于 Merrifield-Simmons 指标的计数[J]. 贵州师范大学学报（自然科学版），2016，34（6）：74-76.

[83] 刘睿琳， 田双亮， 田文文. 五边形链的 Merrifield-Simmons 指标[J]. 西北民族大学学报（自然科学版），2016，37（2）：1-5.

[84] 田疆，田文文. 基于路和圈的 Mycielski 图的 Merrifield-Simmons 指标[J]. 兰州文理学院学报（自然科学版），2016，29（3）：10-12，44.

[85] 陈妹君. 圈连接图和字典积图的 Merrifield-Simmons 指标和 Hosoya 指标[D]. 兰州：西北民族大学，2016.

[86] 盛集明，沈艳军. Q_1，Q_2，Q_3，Q_4 的 Merrifield-Simmons 指标[J]. 荆楚理工学院学报，2016，31（2）：64-67.

[87] 陈妹君，田双亮. 特殊树的字典积的 Merrifield-Simmons 指标[J]. 鲁东大学学报（自然科学版），2016，32（1）：11-13.

[88] 陈香莲，白娅丽，苏贵福. 多边形链的 Merrifield-Simmons 指标的极值[J]. 新疆大学学报（自然科学版），2017，34（3）：294-298.

[89] 刘睿琳，田双亮，陈妹君，等. 两类字典积图的 Merrifield-Simmons 指标[J]. 兰州文理学院学报（自然科学版），2017，31（1）：15-18.

[90] 尚娅璇. 一类特殊$(n,n+1)$-图关于 Merrifield-Simmons 指标和 Hosoya 指标的排序[J]. 兰州文理学院学报(自然科学版)，2018，32（6）：30-33.